生态文明背景下的园林景观建设实践

Landscape Construction Practice under the Background of Ecological Civilization

肖晓萍　等 编著

中国建筑工业出版社

图书在版编目（CIP）数据

生态文明背景下的园林景观建设实践＝Landscape Construction Practice under the Background of Ecological Civilization／肖晓萍等编著．—北京：中国建筑工业出版社，2020.11

ISBN 978-7-112-25480-4

Ⅰ．①生… Ⅱ．①肖… Ⅲ．①园林设计－景观设计－研究－福建 Ⅳ．①TU986.2

中国版本图书馆CIP数据核字（2020）第185455号

本书基于在生态文明理念的指引下，福建省风景园林事业在保护风景名胜区、提升城乡生态环境、优化城市空间格局、开展园林城市建设、推动美丽乡村培育、彰显历史文化底蕴等方面取得的丰硕成果，从规划设计、施工建设、高等教育等多个角度表达当代生态文明新理念。书中建设案例分为公共空间、居住环境、城郊山水、乡村景观、风景名胜、历史人文、教育实践七个部分，既有学术性，又有可读性，深入浅出，将学术性与通俗性完美结合，为行业发展提供了很好的研究基础。

本书适合高校风景园林等相关专业师生及从事园林景观相关行业的设计师、管理者、施工人员参考。

责任编辑：唐　旭　贺　伟　吴　绫
文字编辑：李东禧
版式设计：锋尚设计
责任校对：张　颖

生态文明背景下的园林景观建设实践

Landscape Construction Practice under the Background of Ecological Civilization

肖晓萍　等　编著

*

中国建筑工业出版社出版、发行（北京海淀三里河路9号）
各地新华书店、建筑书店经销
北京锋尚制版有限公司制版
天津图文方嘉印刷有限公司印刷

*

开本：880毫米×1230毫米　1/16　印张：12½　字数：408千字
2020年11月第一版　2020年11月第一次印刷
定价：168.00元

ISBN 978－7－112－25480－4
（36432）

编著委员会

主 编 著 肖晓萍

副主编著 杨　晓　林大地　薛希杰　陈长希
饶　颖　代光明

编 著 委 郑庆国　陈　潇

严世宏　刘　薇　吴力立　程　兴　陈志良
郑　锴　马奕芳　高　屹　黄　萌　谢晓英
邬晓锋　黄贝琪　欧阳莹　陈文建　林　焰
康　超　朱开汉

序

党的十九大报告指出，我国社会的主要矛盾已转化为人民日益增长的美好生活需要和不平衡、不充分的发展之间的矛盾。我国总体已进入小康社会，人民对生活质量的追求在不断提升，对良好生态环境的需求也日益迫切，人民群众无不希望天更蓝、山更绿、水更清、环境更优美。以生态文明建设为主体的绿色发展理念正是满足人民日益增长的美好生活需求的重要保障。

当前，我国经济已从高速增长阶段进入高质量发展阶段，习近平总书记提出的“绿水青山就是金山银山”重要论断生动描述了高质量发展与生态保护的关系，为全社会指明了行动方向。福建省深入贯彻习近平生态文明思想，尊重自然、顺应自然、保护自然，充分发挥“清新福建”的生态优势和发展底色，使绿水青山持续发挥生态效益和社会经济效益。

风景园林作为人居环境建设的核心内容，是我国生态文明建设的重要组成部分。在新时代的发展背景下，福建省的风景园林行业在生态文明建设方面开展了大量的实践——福州花海公园、莆田城市绿心、厦门筼筜湖公园、漳州郊野公园等，都是福建省内的各个城市根据自身的自然禀赋和生态环境特点，本着保护优先、科学利用的原则，在坚守生态保护基础上，开展了合理的景观性利用，为人民群众提供了丰富多样的生态产品，为福建省的生态文明建设探索出科学有效的路径。《生态文明背景下的园林景观建设实践》正是基于福建各地的丰硕实践，从规划设计、施工等多方面总结回顾新时期的福建特色园林景观实践活动，为风景园林行业发展提供了很好的研究基础。

生态文明建设是关系中华民族永续发展的根本大计，衷心希望福建省风景园林行业在“人与自然和谐共生”的理念指引下，更加主动作为，不断夯实理论基础、培养创新思维、提高综合能力，为我国绿色发展、高质量发展提供更加有益的实践探索和鲜活经验，开启新时代风景园林行业的新篇章。

2020年9月

前言

生态文明，是人类文明高度发展的新阶段和新形态。党的十八大将生态文明建设列入中国特色社会主义建设事业的“五位一体”总体布局，要求遵循人与自然和谐发展的客观规律，坚持尊重自然、保护自然、顺应自然，科学开展对生态环境的严格保护、系统治理和可持续利用，不断增强生态产品的生产能力，以满足人民日益增长的美好生活需要。在此背景下，风景园林行业认真学习生态文明战略思想，在各个相关行业努力践行绿色发展新理念，取得了良好成效，也涌现出大量精彩作品。

为了更好地审视生态文明背景下园林景观行业的建设实践工作，积极总结经验、推广应用，努力提升行业发展水平，本书概要回顾了福建省风景园林行业在自然保护地、城乡建设、历史文化等诸多领域的探索，并根据实践案例的特点，设置了公共空间、居住环境、城郊山水、乡村景观、风景名胜、历史人文、教育实践共7个类别，较为系统地剖析和评述生态文明时代园林景观行业建设实践中所展示出的工作亮点，提炼值得借鉴的理念与方法，为行业内的各位同仁提供参考。

由于时间仓促，且受水平所限，本书尚有大量的不足之处，恳请广大读者予以批评和指正。

目录

绪言

福建省风景园林行业的生态文明实践探索概述

习近平总书记指出：“要像保护眼睛一样保护生态环境，像对待生命一样对待生态环境。”

党的十八大以来，以习近平同志为核心的党中央围绕生态文明建设提出了“坚持人与自然和谐共生”“绿水青山就是金山银山”“坚持和贯彻绿色发展”等一系列新理念、新思想和新战略，开展了“国土空间规划”“以国家公园为主体的自然保护地体系”“山水林田湖草系统治理”“最严格的生态环境保护制度”等一系列开创性工作，推动生态环境保护发生历史性转变，生态文明理念日益深入人心。习近平同志关于社会主义生态文明建设的一系列重要论述，立意高远、内涵丰富、思想深刻，对风景园林行业具有十分重要的指导意义。

福建省是生态文明思想的重要孕育地，也是率先践行这一重要思想的试验区。在生态文明建设战略思想的重要指引下，福建省形成了生态环境“高颜值”和经济发展“高素质”协同并进的良好发展态势，省委、省政府将城市绿化工作任务纳入宜居环境建设、民生基础设施建设，大力开展“园林城市”创建活动，积极推动园林绿化建设和改造提升，城市园林绿化工作取得明显成效。至2018年年底，全省建成公园绿地2.56万公顷，建成公园1075个，绿道5800公里，建成区绿地率达40.17%，居全国前列，拥有国家园林城市（县城）19个、省级45个，实现园林城市（县城）全覆盖。

福建省园林绿化建设在取得长足进步的同时，进一步深入贯彻生态文明重要思想，努力在城市生态空间格局塑造、城市绿地均衡布局、城市公园体系完善、城市绿地功能多样化、城市历史文化遗存彰显等方面开展积极探索，并形成如下一些自身特点。

一、以大型生态基质保护促进城市空间结构成型

福建省山地、丘陵众多，同时又临海拥江、河网密集，冲积形成的湿地规模也较为庞大，生态绿地资源十分丰富。在城乡二元规划体系下，生态绿地的规划用途一般被划分为建设用地内的城市绿地和不纳入建设用地平衡计算的其他绿地。由于评价园林城市的主要指标都在建设用地内，因此，城市园林绿化的重点通常落在以公园绿地为主的城市绿地上。

福建省在城市园林绿化发展过程中，能立足于自身的省情特点，突破建设用地平衡的二元桎梏，尊重“山、水、林、田、湖、草”作为完整的有机生态系统，遵循其内在关联规律，通过大规模、成片式的自然生态资源及其地貌保护，促使城市空间结构的成型，并使大型生态绿地基质成为城市空间格局中的重要结构载体。

莆田：南北洋平原塑“绿心”。福建四大平原之一的兴化平原，由河海泥沙在木兰溪下游的南北侧浅海湾处交错沉积、人工围垦而成，是海积和洪积共同作用的产物，海拔仅5～7米，是莆田市中心城区所在地。莆田市人口众多、人地关系十分紧张，但在高速的城市建设进程中，坚持划定木兰溪河口两侧总规模约65平方公里的南北洋湿地平原作为城市“绿心”进行立法保护。“绿心”内统筹水、

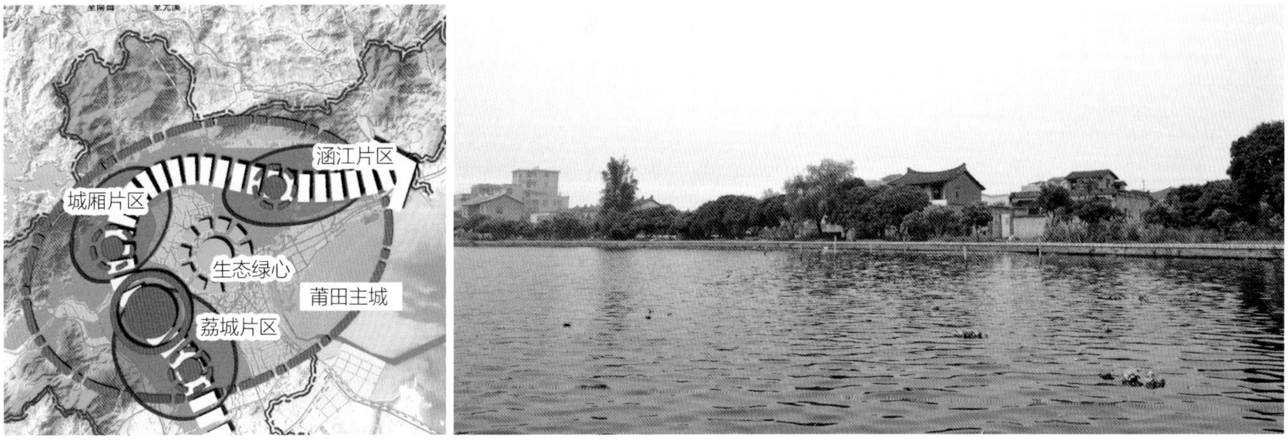

图1 莆田南北洋“绿心”

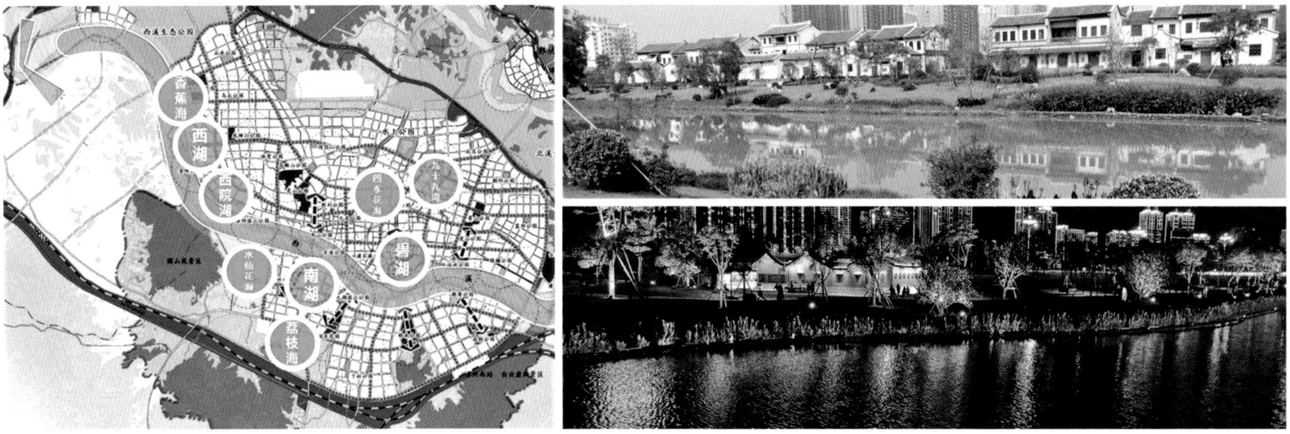

图2　漳州“五湖四海”

林、田、湖、湿地系统治理，重点保护“荔林水乡”自然风貌、“梅妃故里”人文风貌、田园风光农业风貌和莆田民居建筑风貌，成为莆田主城区“一心三区”城市空间格局的核心组成部分。

漳州：“五湖四海”造绿屏。漳州地处闽南金三角，是著名的花果之城、鱼米之乡，盛产五大名花、十大名果，自然资源禀赋十分优越。漳州在城市建设发展中，尊重自然、顺应自然、保护自然，大力保护城区周边的片林花海、山塘湖泊、内河湿地等生态资源，通过“五湖四海”的保护性、景观性利用，着力打造“田园都市、生态之城”。其中，“五湖”即碧湖、西湖、西院湖、九十九湾湖和南湖，“四海”即荔枝海、香蕉海、水仙花海和四季花海。“五湖四海”的保护与建设，既形成了漳州主城区“一心”与“六组团”之间的自然生态屏障，也打开了城市向东、向西、向南的发展格局，生态基质保护与城市形态塑造相得益彰、交相辉映。

城市园林绿化打破建设用地壁垒，建设重点除规划绿地之外，也包含需要保护、修复和合理利用的林地、草地、湿地、河流、湖泊、滩涂、田园等非建设用地，整体构建城市生态空间格局，共同打造优美的城市空间结构，这是福建城市园林绿化在生态文明思想指引下的重要探索。

二、“以林带园、以园促景”一体化浇筑沿海前缘城市生态屏障

福建省地处我国东南沿海，海岸前缘城市特别是离岛城市内，滨海沙荒地、基岩地、盐碱地等绿化条件较为恶劣的区域广泛分布，生态环境较为脆弱，风沙旱涝灾害频发，城市园林绿化建设基础较为薄弱。面对不利的自然地理环境，福建省不懈努力，积极开展沿海防护林体系建设，并走出了一条造林与建园、护景相结合的“林、园、景”一体化建设的特色之路。福建省沿海前缘城市在大规模建设防风基干林带的基础上，充分利用其形成的滞风降沙效应，依托特殊气候条件下形成的独特自然景观，紧邻防风林开展城市公园和旅游景区的建设，以林带园、以园促景，积极探索多层次、一体化开展生态文明建设的策略与方法，并形成了厦门、莆田湄洲岛和平潭三大国际旅游目的地，取得了生态、景观和经济的综合效益。

平潭：锁住千里风沙筑基国际旅游岛建设。平潭岛为福建省少雨区之一，夏季大旱出现机概率高达54%，为福建全省之冠；同时季风明显，湾海地区全年大风（7级以上）日数为125天，是福建省强风区之一；全岛沙地、岩石、盐碱地遍布，生态环境脆弱，植树造林条件较差，历史上风沙灾害十分严重。平潭综合实验区将沙荒风口综合治理工作列为全区生态环境整治的重点，采取“生物措施加工程措施”并举的方法，不断强化沿海基干林带建设，通过综合治理长江澳等五大沙荒风口、向海岸前沿推进营造基干林带、补齐断带等措施，使沿海基干林带不断加宽、加厚、加长，增强了沿海防护林第一道防线的防灾减灾功能，逐渐筑牢国际旅游岛的生态防线。与此同时，以沿海防风林带为屏障，平潭综合实验区大力开展十八村公园、国家森林公园、鸣凤山公园等大型生态绿地建设，并促进以海坛风景名胜区为主体的半洋石帆、长江澳、仙人井、龙凤头、坛南湾、南寨山、将军山等多个旅游景区的快速发展，形成了“园、林、景”齐头并进、统筹发展的良好局面。

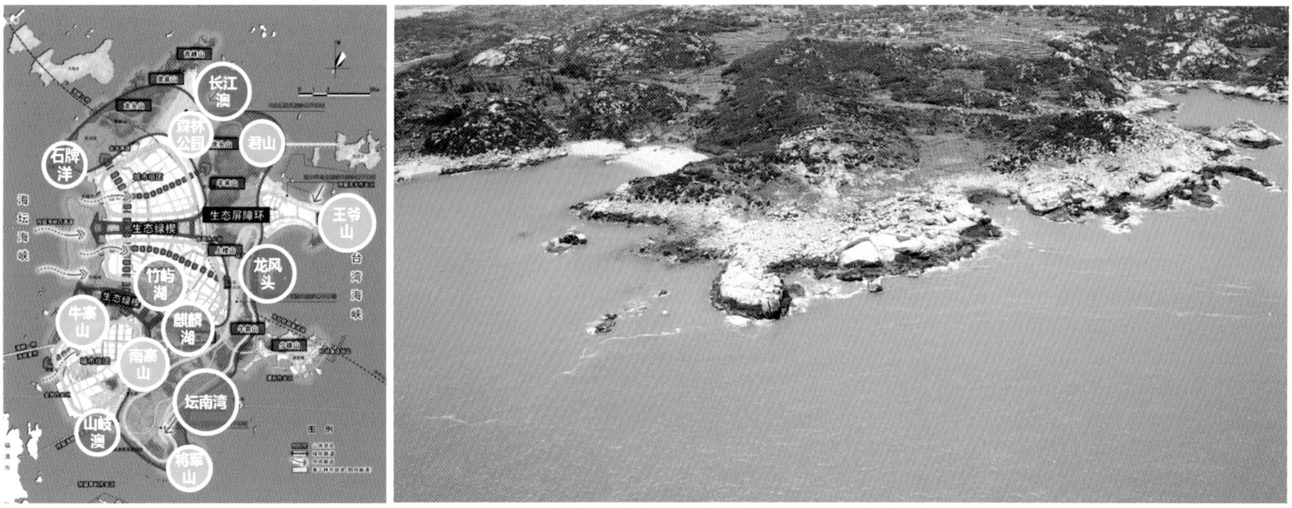

图3 平潭“林、园、景”一体化生态屏障

三、以“核心公园 + 廊道网络”织补城市内部空间

根据我国学者的研究，改革开放以来，我国的城市发展经历了注重城市物质空间形成的市场经济体制初建时期（1979～1991年）、土地财政驱动下的城市外沿增量扩张时期（1992～2013年）和生态文明建设背景下的存量更新转折时期（2014年至今）。在土地经济刺激城市建设高速扩张时期，为了追求更低的土地开发成本、更高的土地使用效率和更快的城市建设资金流转，城市内部的村庄居民点、工矿弃置地、山林地等难以快速转化为经营性出让用地的地块逐步滞留、沉淀，逐渐产生了城中村混杂、城市绿地建设滞后、城市公共休闲娱乐空间缺失等突出问题，这也造成了城市内部较为明显的空间破碎化现象。这些问题在福建省也有发现，随着生态文明时代的到来，省内各大城市都在积极探索通过绿色网络建设促进城市功能完善与空间缝合的绿色发展新路径。

福州：“生态公园+内河串珠”构建城市“绿岛链”。为了更好地改善生态环境质量、提升城市特色与活力，福州市近年来大力推广大型生态公园建设。福州中心城区已建成鼓楼福山郊野公园、台江体育公园、晋安鹤林公园、仓山高盖山公园、马尾天马山公园等一批城市内部以山体修复和景观性利用为主体的大型生态公园，并已成为重要的全市性公园。与此同时，福州市结合城区水系综合治理和旧屋区改造，大力发展沿内河建设的滨水绿带，并在用地条件充裕的地方打造公园绿地节点——串珠公园。截至2019年6月底，福州市已建成滨河绿带488公里，建成串珠公园253个。以大型生态公园为片区核心、以内河绿带为生态纽带、以串珠公园为重要补充的城市“绿岛链”，有效地扫除了城市发展进程中历史遗留的弃置空间和滞留场所，完整地搭建了城市内部以点连线、以线带面的生态格局，极大地提升了城市宜居环境。

龙岩：“四河缀五山”公园连廊编织城市绿色空间网络。龙岩中心城区位于龙岩盆地之中，四周群山环抱、层峦叠嶂，山岭与河谷相间，西北、东南部较高，逐渐向东北、中部倾斜，在城市发展进程中发育出多条重要的水系河道。改革开放以来，龙岩市中心城区由中部以中山公园和登高山公园为核心的老城组团不断西扩、南拓、北进，逐步形成中心城区四周群山环抱，城市内部西湖岩山、登高山、莲花山、谢洋山、仙宫山5座核心山体点缀，城区中部龙津河、东肖溪、红坊溪及小溪河4条水系徜徉的“四河缀五山”城市空间格局。在快速的城市增量扩张进程中，龙岩中心城区同样出现了城市内部空间破碎化、公共空间建设不足、存量更新进程滞后等显著问题。龙岩市充分利用自身的自然环境特点，依托上述4条水系，大力收储沿河可更新地块，优先用于新建城市公共配套服务设施；着力推进滨水带状绿地建设，不断延伸、拓宽城市内河生态廊道；同时积极利用规划带状绿地和沿路两侧绿化用地，推进公园联廊建设，串联城区5座核心山体和30余处公园绿地，编织出一张广阔的城市绿色空间网络，并与城市体育中心、文化馆、博物馆、市民广场、行政服务中心等重要开放节点融为一体，既为市民提供了便利、通达的生态休闲与公共服务场所，又很好地更新了城市迟滞地块、织补了城市内部的破碎空间。

大量以城市内部自然山体为基底的核心公园及依托城市内河水系的滨水绿带，在城市内部构建了“以山为岛、

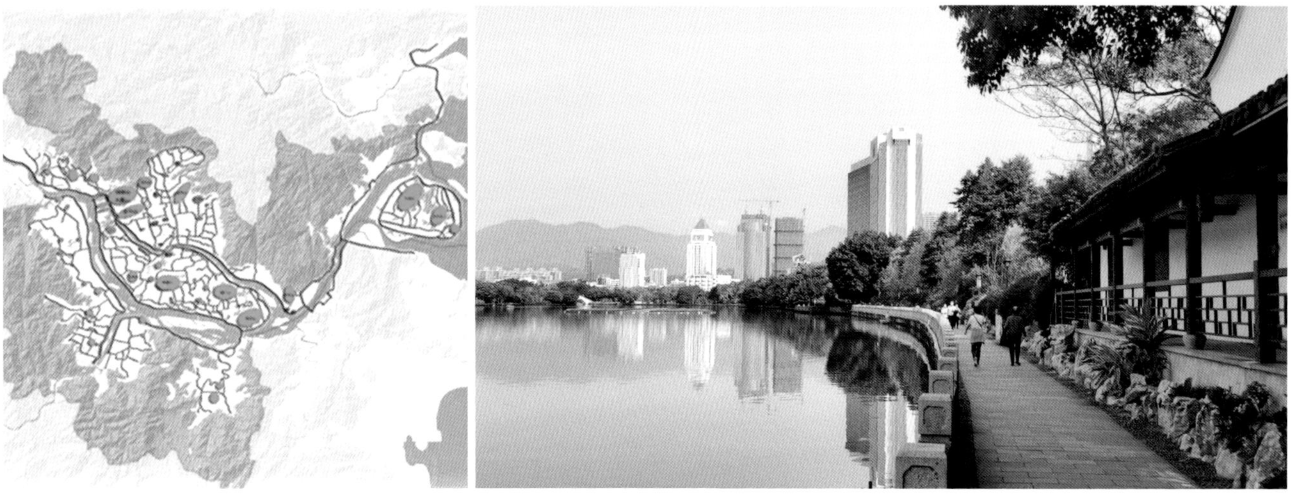

图 4　福州“绿岛链”生态格局

图 5　龙岩“四河缀五山”绿色网络

以水为链”的“绿岛链”生态空间形态，这既充分利用了福建省山多河密的地貌特点，也很好地织补了城市内部的破碎空间，完善了城市社会公共服务功能。

四、以公园集群协同供给优质生态产品

社会经济的快速发展推动了人民群众对城市绿地，特别是公园绿地的需求日益增长。近年来，福建省各大城市都在持续加大公园建设的力度。随着公园绿地数量的增加、规模的增长和分类的细化，福建省开始出现多个比邻公园性质统筹、分工合作，共同打造大型公园绿地圈层的有益尝试。

福州：公园集群强化区域绿地核心。福州市提出了在各个功能组团内构建公园集群的城市绿地系统规划思路，即将城市内部空间联系紧密的公园，进行用地性质上的生态化控制、功能特色上的差异化策划与塑造，形成性质上互补、空间上一体化的公园群落。从总体层面来看，这些公园在空间上呈族群分布的特点，因此称为公园集群。以新店片区为例，区内建成了动物园、植物园（森林公园）、儿童公园，规划建设古城历史名园。四大专类园在空间上邻近、通达条件良好、功能特色互补，整体形成了特色鲜明而又功能综合的大型公园群落，成为片区内重要的生态开放核心。

公园集群的核心塑造一方面丰富了城市公园的功能结构；另一方面也通过协同合作，大幅提升了城市绿地供给优质生态产品的能力。

五、以生态修复进化绿地服务功能

加强城市山体自然风貌和原生植被的保护，开展江河、湖泊、湿地等水体的治理，全面落实海绵城市建设理念，修复利用废弃地和构建完整连贯的城乡绿地系统是修

复城市自然生态环境的重要举措。福建省正在努力探索通过生态修复的方法，不断进化城市绿地的服务功能。

厦门："一湖四湾"生态修复提升城市宜居环境。为了进一步提升城市空间品质，厦门市充分发挥自身环境优势和文化特质，先后对筼筜湖、五缘湾、杏林湾、海沧湾和同安湾开展了以退堤还海、清淤护岸、湿地修复、生态浮岛、流域整治、红树林培育、生物多样性保护等为主体的综合整治工程，河口、湖体、海湾的滨水绿地景观品质全面提升，并打造连续分布的近海休闲空间，极大地扩展了城市绿地的服务功能。

福州：环城雨洪公园构筑海绵城市安全格局。福州市在已经建成的八一水库、斗顶水库、登云水库等12处内湖的基础上，继续充分利用自身河网纵横、沟汊密布的特点，大力开展湖库建设与黑臭水体整治工作，持续打造旗山湖、高岐湖、晋安湖等11处新增湖体，水域总面积超过500公顷，增加调蓄水量约600万立方米。各个湖体在扩大容量、改善内涝防治的基础上，坚持"修复水生态、改善水环境、复兴水文化、开放水空间"的思路，全面推广"万里安全生态水系"理念，推广生态岸线建设、湿生植被应用、休闲设施完善和亲水景观节点打造，使每一个滞洪湖体都成为城市优美的雨洪公园，既保障了城市水安全，又形成了城区新景点。

随着社会经济的日益发展，城市绿地功能逐渐由传统的游赏、休闲、健身等城市"会客厅"功能，正逐步扩展到水环境提升、防灾避险、行洪滞涝等多重需求上，通过设施完善和生态修复实现城市绿地服务功能的不断进化也是福建省近年来的探索方向之一。

六、以绿道贯通编织城市慢行生活网

绿道是串联城乡绿色资源，为居民提供亲近自然、游憩健身、生态休闲的场所和途径。福建省的绿道网涵盖省级、市县级、社区级3个层次，包含生态型、郊野型、都市型等多种类别，或临水而设、或依山而建、或凌空悬挑、或伏地就势，或为钢架管桁、或为砖石铺设、或为沥

图6 福州新店片区公园集群

图7 厦门"一湖四湾"生态修复（拍摄：杨树挥）

青混凝土、或为生态木栈道，类型多样、形式灵活，能根据所处的自然地理环境和区位条件，因地制宜地设置与周边地貌相得益彰的风景道路，进一步促进自然山体、溪流河谷、风景区、郊野公园、美丽乡村、城市公园等各类生态景观资源的开放性。自全省全面启动绿道网的规划建设工作以来，各地涌现出一批绿道建设的精品项目。如：龙岩市依托城市中心的“绿肺”莲花山，采用栈桥架空形式，环绕山体一周，在同一等高面上，建成全长3.8公里、宽3.5米的环山绿道，在满足市民赏景、览城、健身、休闲等多样需求的基础上，最大限度地保护了原始地貌与原生植被，并为栖息动物留出了下部穿越空间；莆田市结合绶溪公园建设，采用彩色混凝土铺设了全长5.1公里，可骑、可跑、可走的滨河绿道，沿途荔林青翠、古桥庄严、绶溪徜徉、东岩隐约，成为莆田“五山簇拥、四水相依”的重要纽带；福州市在城市西北近郊，以沥青混凝土的形式，建设了全长20公里的生态步道，不仅有机联系了大腹山、五凤山、科蹄山3座山体，而且预留了与市区屏山、西湖左海相联的接口，很好地将城市外部生态屏障引入老城、将市民引向郊外，山城互动、城景相联。各地市的绿道建设精彩纷呈，其中福州市的福道和厦门的空中自行车道最为引人注目。

福州：福道。福道是位于鼓楼区西北部全长约19公里的森林步道，是全国最长的一条城市休闲健身走廊，开创了中国钢架林上栈道的先河。福道以“览城观景、休闲健身、生态环保”为目标，采用全程无障碍人性化设计、“主体空心钢管桁+桥面格栅板”生态化工艺和全过程智能化管理技术手段，同时连接了左海公园、梅峰山地公园、金牛山体育公园、国光公园及金牛山公园共5个大型公园节点，构建了市中心特色山水休闲慢行系统。

厦门：空中自行车道。厦门的空中自行车道是独立的骑行系统，车道采用钢箱梁结构，主要沿厦门快速公交（BRT）两侧布置，悬挑于BRT中段位置。路线全长约7.6公里，共设置出入口11处，与人行天桥平交3处，有7个平台。空中自行车道仅供自行车使用，禁止机动车辆、电动

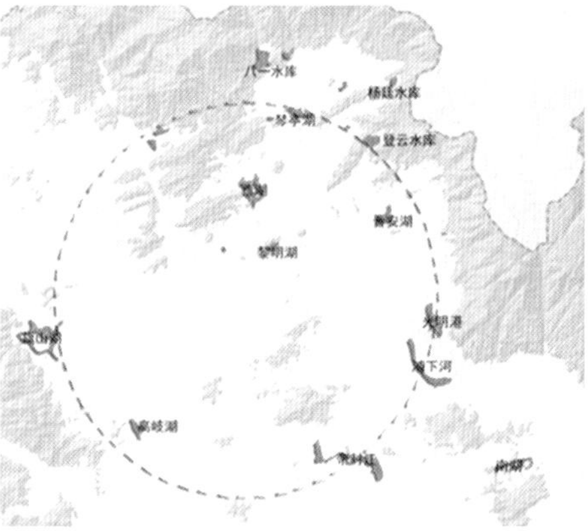

图 8　福州环城湖库水安全格局

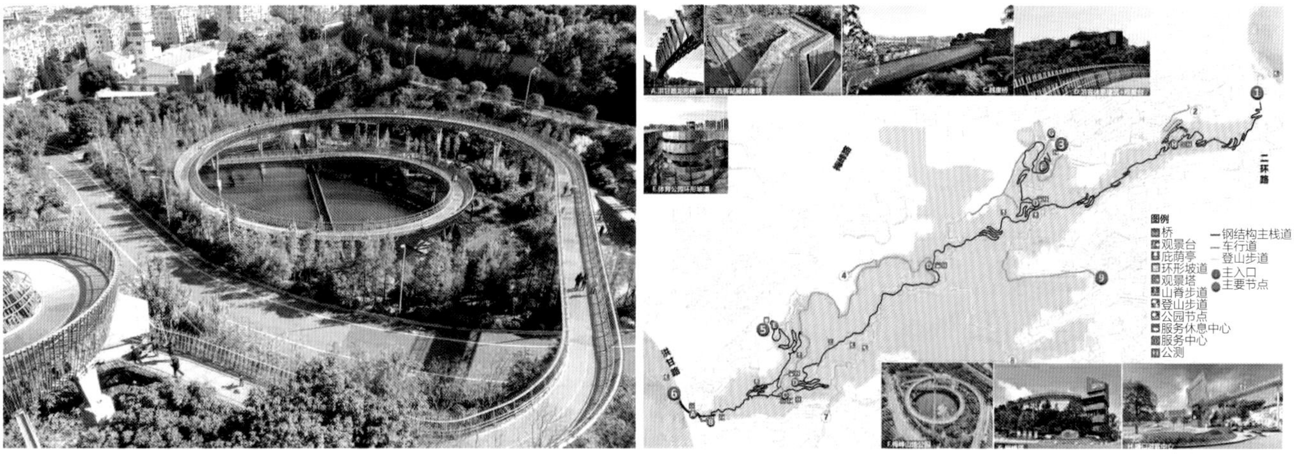

图 9　山江湖互动的城市福道

图 10　厦门空中自行车道

图 11　福州老城区的口袋公园

车和行人通行，安全性高。

福建省的绿道网络营造结构合理、衔接有序、连通便捷、设施完善，全面串联了城乡自然与人文景观，密切联系了城市和乡村的绿色资源，把原有的“绿心”“绿斑”通过绿道系统衔接起来，形成了一张覆盖全省、城乡一体的“绿网”，编织出福建人民的幸福慢行生活网络。

七、以口袋公园推动老城区绿地均衡布局

由于历史的积淀，老城区内往往公共服务配套能力更强、经济活力更为旺盛、各项生产生活条件更为便利，因此聚集了大量的居住人口，然而多数城市的老城区都存在建筑布局过密、公园绿地分布不足的现象，这造成了老城区内人均公园绿地偏低、公园绿地服务能力偏弱等不良现象。考虑到老城区内的征迁难度极大，同时出于风貌保护的需要，近年来，福建省各大城市都充分利用道路交叉口、“两违”拆除小节点、历史文化遗产周边小地块等小型用地空间，大力发展规模不大、分布灵活、形式多样的口袋公园、街旁绿地，进一步丰富了城市公园体系，改善了公园绿地服务半径覆盖情况，也提升了老城区的城市形象。

福州：“串珠节点+口袋公园”完善鼓台中心区绿地空间布局。福州市鼓台中心区用地紧张、人口密集，长期以来主要依靠城中的自然山体建设综合性公园，以满足市民的生态休闲活动需求。随着城市建设的快速发展和老城区人口规模的进一步剧增，鼓台中心区的公园绿地缺口日益扩大。为了解决这个问题，福州市一方面结合内河整治的契机，大力开展水系两侧的带状绿地建设，建成大量的串珠公园；另一方面发动各个社区，在辖域内自我摸查、挖潜，整理出89处零星地块，实施口袋公园建设，新增公园绿地面积11.84公顷，公园服务半径由80%提升至100%，城区绿地空间布局日趋完善。

厦门：口袋公园助力生态园林城市创建。厦门市高度重视城市园林绿化建设，一直致力于均衡推进郊野公园、滨海湿地公园、滨水带状公园、综合公园和社区公园的建设。但受用地条件所限，老城区的公园绿地较为欠缺，公园服务半径覆盖率较低。近年来，厦门市发动市民参与“共谋、共建、共评、共管、共享”，实施了“百日建百

图 12　厦门厦禾路街头的美仁园

园”工程，在主城区深入挖掘，开展了200余处的口袋公园、街旁绿地建设，新增公园绿地面积61.96公顷，形成市级、区级、街道、社区直至房前屋后、街头巷尾多层次的城市公园体系，不断提高公园绿地服务覆盖能力，实现城市建成区“300米见绿，500米见园”的目标，补齐了创建国家生态园林城市的最后一处短板。各类口袋公园的建设按照“中国元素、闽台特色、海洋文化、美丽厦门”的理念，将厦门地域文化融入公园绿地建设中，使之富有侨乡风情、闽台文化、异国情调、温馨现代等多重特色，既富有现代城市气息，又具有多元融合的文化特征。

面积小、数量多、功能丰富、特色各异、文化多元的街旁绿地借助老城区的更新进程，悄然融入城市街区层面的空间格局之中，形成老百姓随处可见、触手可及的口袋公园，在综合公园与社区公园之间，填补了沿途的绿视空间缺失，弥补了老城区用地紧张的遗憾，添补了城市绿地景观体系，成为城市绿地系统中重要的组成部分。“将公园建到老百姓的家门口”，这也是我省在老城复兴进程中的积极探索。

八、以景观微更新唤醒传统街巷文化记忆

传统街巷是城市在历史沿革和建设演变进程中，能够深刻反映城市文化内涵、居民传统生活方式和城市传统风貌特征的街巷，它们是历史文化名城、历史文化街区、历史文化风貌区和历史建筑群的重要组成部分。福建省各主要城市的历史文化遗存均十分丰厚，城市传统街巷也得到了较好的保护，但在多重历史时期交叉、多重时代风貌特点纷呈和多重社会发展诉求齐聚的背景下，如何通过重现历史风貌和活化街巷利用来重新唤起对传统街巷的文化记忆，成为近几年福建省历史风貌保护与更新的研究热点。

总体而言，福建省摒弃了大拆大建、以新换旧式的“征收—拆迁—开发—安置—平衡”方法，转而采用就地改造、点状开敞的更新策略，并在针对传统街巷的建筑改造中，避免了伤筋动骨式的整容手法，转而采用添砖加瓦式的装扮手法，这为多重城市更新需求并发背景下的城市传统街巷保护与更新提供了重要参考。

与装扮式建筑改造思路相仿，城市传统街巷的园林景观打造同样采用了微更新的技术手段，主要体现在以下三个方面：一是“微空间”，传统街巷的园林景观建设主要集中在“街口巷尾”“房前屋后”“转弯边角”以及场地整理清出的归置地块等散落微小用地空间；二是“微元素”，传统街巷更新不谋求大规模的集中式园林景观建设，主要通过牌坊、景石、铺砖、小绿地节点、标识标牌、垂直绿化等微小元素的增设和改变，辅助建筑的微改造，整体形成自身风貌特点；三是“微利用”，活化利用是唤醒城市传统街巷记忆的重要手段，园林景观建设则通过屋前檐下的景观小场地空间塑造和小节点园林建设，合理引导传统街巷对传统手工业、传统小商品、传统美食等轻型经营业态和传统文化小聚落的微小利用，在维持现状居民生活方式不变的同时，进一步增添老街老巷的老味道。

福州：232条传统老街巷新颜忆旧貌。福州市将保护传统街巷遗产纳入历史文化名城保护体系，并作为延续城市历史文化脉络的重要抓手，形成了涵盖4个行政区、232条传统老街巷的庞大项目库和更新整治清单。本着“严格保护、修旧如旧”的工作方针，福州市采用分级保护、因街制宜的方法，通过保护街巷的传统风貌与人文遗产，穿点成线形成体系，努力保障城市历史文化名城空间格局不受损害、传统老街巷的肌理特点不受破坏。在此基础上，编制了《福州古街古巷整治导则》，明确传统老街巷的风貌类型、历史要素保护要求、老字号保护、主色系定位、材料选用、改造方法等多重强制性与引导性条文，并贯彻

实施，使得历史风貌逐步复原、人文社区持续营造，涌现出中山路、大根巷、卧湖路等一大批成功的微更新改造案例。以中山路为例，整治工作坚持系统梳理的综合原则，打通了丽文坊、能补天巷、城直街、城隍街、云步山巷、北院巷、赛月亭巷等周边7条街巷；坚持减法为主的微改造原则，拆除两违设施和风貌不协调建筑，缆线下地、多杆合一、规整街景；坚持整理为主的装扮原则，完善城市家具、雕塑小品、标识标牌，新增小节点、小空间、小场所，使传统街巷焕发生机活力。

九、以独运匠心锻造园林景观精品工程

园林景观工程不同于一般的工程建设，它一方面涉及地理学、生态学、气象学、生物学、材料学、力学等多种学科知识，具有显著的自然科学属性；另一方面园林景观作品又是人民群众的高级精神享受，充满了设计师对空间环境的无限遐想与美好追求，这使得它又具有强烈的人文艺术属性。作为一种高度综合的工程建设领域，一方面需要恪守各项规范、标准和管理规定，通过严密的施工组织方案和严格的施工过程控制来保障工程建设的安全和品质；另一方面还需要充分理解设计意图，关注局部和整体的协调，着眼每一个现场工作细节，灵活运用各类造园要素，熟练使用造园基本手法，不断优化调整，最终创造意境清幽、环境舒适、景色优美、功能完善的园林绿化空间。为了确保园林景观工程的质量，精益求精不断提升工程建设效果，福建省住房和城乡建设厅及省内各主要城市的园林行业主管部门先后出台多项用于指导、管控、考核、验收各类园林景观工程的地方性行业标准、规范或管理办法，形成了涵盖地形竖向、园路铺砖、绿化种植、景观建构筑物、市政配套设施等全部建设内容的精细化控制体系。与此同时，业主、设计、施工、监理等各参建单位深入现场、协同作战，充分发挥福建园林人的工匠精神，不断砥砺琢磨，创作出一大批让老百姓满意的园林精品工程。

【文旅景观】长泰龙人古琴文化村景观工程。项目位于长泰县马洋溪生态旅游区，受场地地形地貌的影响，建设过程中有较大规模的边坡需要开展精细的景观化处理，实施难度较高。为了争取用地空间、保障边坡稳定和防止落

图 13　福州市传统老街巷格局与中山路整治示例

图 14　长泰龙人古琴文化村景观工程

石等安全隐患，同时还要避免土方开挖引起的生态环境脆弱和结构外露而导致的景观破坏问题，施工人员会同参建各方认真钻研、反复测试，最终采用微倾式剪力墙用于边坡支护，同时科学预防不均匀沉降和种植土滑坡等常见问题，并通过合理的植物配置营造了生态、优美、清新、自然的山地高陡边坡景观。（供稿、承建单位：厦门深富华生态环境建设有限公司）

【公共空间景观】数字中国峰会·福州海峡会展中心绿化景观品质提升工程。项目位于数字中国福州峰会的主办场所——福州海峡会展中心，是福州市重要的公共开放空间节点，也是迎接全国参会人员的主要场地，更是各级来访人员必到之处。该项目在福州市的城市品质提升系列工程中具有极高的重要性和代表性，因此对绿化景观的品质要求极高。施工单位在参建各方的大力支持下，全身心投入、扎根现场、日夜奋战，精心布置美化空间形态，精致雕琢培育绿化质感，精细配置丰富景观层次，为迎接全国性的重大会议奉献了一幅精美画卷。（供稿、承建单位：长希园林建设工程有限公司）

【居住区景观】云上鼓岭国风系列居住区景观工程。项目位于福州中心城区东部生态屏障——“鼓山—鼓岭”山脉之上，场地山林地貌特征显著。居住区的建筑以现代手法诠释传统风格，古韵新颜，给景观工程带来较大压力。施工单位努力保持原有的地形和重要植被不受破坏，同时精心挑选原生竹子等与清风薄雾、青山白云自然环境极为协调的建设材料，专门组织老园林人运用匠心巧思，不断打磨，塑造了与新中式社区相融甚洽的国风居住区景观。（供稿、承建单位：福建省雅林建设集团有限公司）

【海绵城市】厦门海沧马青路高架绿化提升改造工程。项目位于厦门市海沧区马青路南侧，绿化总面积达到80224平方米，规模较为庞大，并在海新立交桥下形成相对集中的大型节点。为了更好地管理雨洪、削减水污染，参建单位精心仿造自然溪流的线性布局模式，通过精准的竖向控制和对鹅卵石、湿生植物、土建构筑等要素的精细配置，在施工难度较大的高架桥下打造了一个风貌自然、景观怡人且具有渗透、滞留、积蓄、净化、传输雨水功能的海绵花园。（供稿、承建单位：厦门市颖艺景观工程有限公司）

图 15　数字中国峰会·福州海峡会展中心绿化景观品质提升工程

图 16　云上鼓岭国风系列居住区景观工程

图 17 厦门海沧马青路高架绿化提升改造工程

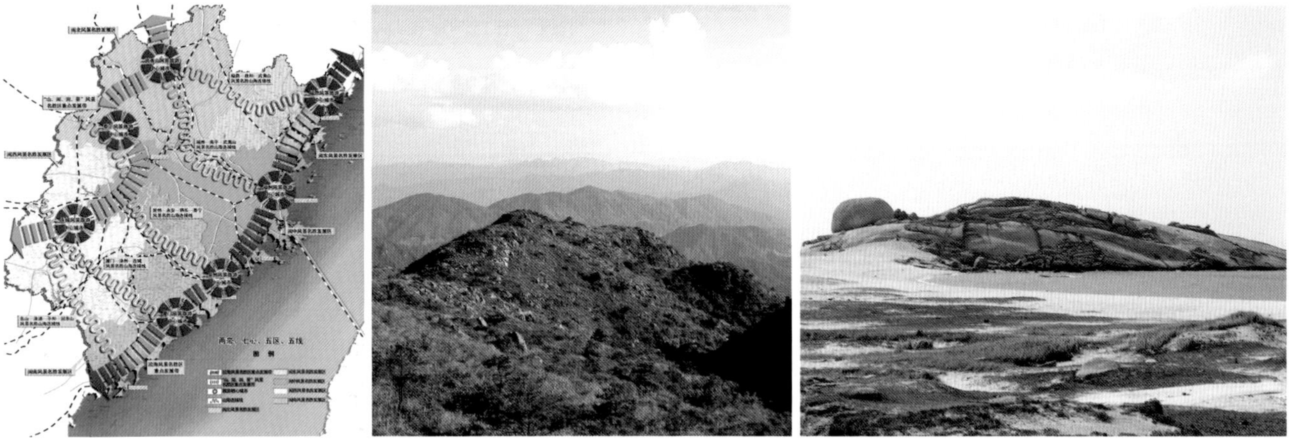

图 18 福建省风景名胜区体系

施工质量与施工效果是园林景观工程的生命，也是实现规划设计意图、满足人民群众美好生活愿望的重要基础。福建园林人大力倡导工匠精神，施工建设中不忘初心、力求精品，为美丽福建贡献出自身的一份力量。

十、以顶层设计引领省域风景名胜区体系构建

除了城市园林绿化工作之外，福建省在风景名胜区的严格保护和科学利用的探索上也十分积极。福建省风景名胜资源十分丰富，拥有世界文化和自然双遗产1处、世界文化遗产2处、世界自然遗产1处、国家级风景名胜区19处，省级风景名胜景区34处，类型多样，分布广泛。立足于自身自然地貌与人文底蕴特点，福建省从战略层面顶层设计，提出了风景名胜区的设立与升级战略、全面保护战略、特色提取战略、协调发展战略和技术支撑战略，建立了以高山、翠湖、丹霞、海蚀、岩溶、岛屿、峡谷、石臼、花岗岩、火山熔岩等多元景观特征为主体的风景名胜区体系。

各级风景名胜区在等级结构上形成由“世界遗产—世界遗产后备名录—国家级风景名胜区—省级风景名胜区—省级风景名胜区后备名录”组成的完整体系；空间上形成以“北武夷、南鼓浪屿”为两大核心，沿“太姥山—白云山—鼓山—海坛—清源山—鼓浪屿—万石山—风动石—塔屿”和“武夷山—泰宁—玉华洞—桃源洞—鳞隐石林—冠豸山”分布的滨海、山区两大发展带，充分体现了福建省的山水之美、人文之美、和谐之美和品质之美。

结 语

“生态兴则文明兴，生态衰则文明衰”——习近平

在生态文明理念的指引下，福建省风景园林事业在保护风景名胜区、提升城乡生态环境、优化城市空间格局、开展园林城市建设、推动美丽乡村培育、彰显历史文化底蕴等方面均取得了较好成效。随着国土空间规划和以国家公园为主体的自然保护地体系时代的到来，福建省风景园林从业人员将继续深入研究园林绿化诠释生态文明的科学途径，谱写美丽中国、美丽福建的新篇章。

建设实践案例

1 公共空间
Public Space

福州市牛港山公园景观规划设计

平潭综合试验区竹屿湖公园景观规划设计

福州市飞凤山奥体公园规划设计

斗顶水库下游雨洪公园修建性详细规划

福州金色沙滩景观工程（福州沙滩公园）A 标段

大腹山山地步道建设项目

福州左海公园—金牛山城市森林步道第 2 标段（施工）

福州市金鸡山公园栈道景观二期工程

环东湖慢行道工程

福州海峡奥林匹克体育中心景观、绿化及养护工程

厦门高崎机场南片区道路绿化提升工程（第一标段）

福州市牛港山公园景观规划设计

项目地点：

福州市晋安区岳峰镇

建设单位：

福州市城乡建设发展有限公司

设计单位：

福州市规划设计研究院

施工单位：

福建省榕圣市政工程股份有限公司

获奖情况：

2017年度省级优秀城乡规划设计奖（风景园林类）二等奖

2019年度全国优秀工程勘察设计奖二等奖

2019年度福建省优秀工程勘察设计奖一等奖

一、规划背景

牛港山公园地处福州市晋安区鹤林片区横屿组团，牛港山公园包括牛港山山体和水系（水系部分后命名为鹤林生态公园）两大部分，规划选址面积约51.6公顷，与南侧的晋安湖公园组成114公顷的晋安公园，成为晋安区未来的城市活力中心。牛港山公园是福州城市绿地系统中的重要节点，同时也是服务晋安新城的重要综合性公园。

牛港山公园是福州山水城市格局中重要的组成部分，也是晋安新城重要的生态绿核。在通过规划布局优化，将凤坂一支河与牛港山等分散绿地整合在一起后，牛港山公园实现了城市蓝绿空间的整合，成为城市生态景观格局的重要结构。随着福州市“东扩南进”战略规划的整体推进，晋安区成为福州城市建设的一个热点片区。牛港山公园的建设有利于城市蓝绿系统结构的完善，更有利于城市总体景观空间格局的构建，意义重大。

二、设计策略与亮点

公园规划围绕着蓝绿交织和山水重构展开，将传统美学与现代活力营造融合，打造福州未来晋安新城最大最集中的公共开放空间。

蓝绿交织：通过规划空间整理，逐步调整梳理蓝绿生态空间关系，重新构建区域廊道、斑块，重构蓝绿生态轴，并外延至北峰、金鸡山，成为东城区生态廊道的交汇点。同时将绿地空间化零为整，重新梳理了水系（滞洪湖），形成了山水交融的城市大型绿地，重构了城市蓝绿空间格局。

山水重构：设计充分利用场地渣土进行地形塑造，将现状两座山体相连，构建负阴抱阳的空间布局，并与远山北峰连为一体。不仅可以遮挡北侧变电站、铁路、高架桥等不佳视线，更使得视线空间直达鼓山，成为牛港山公园山水轴线。规划将水系引入公园之中，形成以山为骨，以水为魂，水绿一体的空间结构。设计将牛港山的汇流湖水与凤坂一支河一并汇入鹤林生态公园，最终汇集到晋安湖

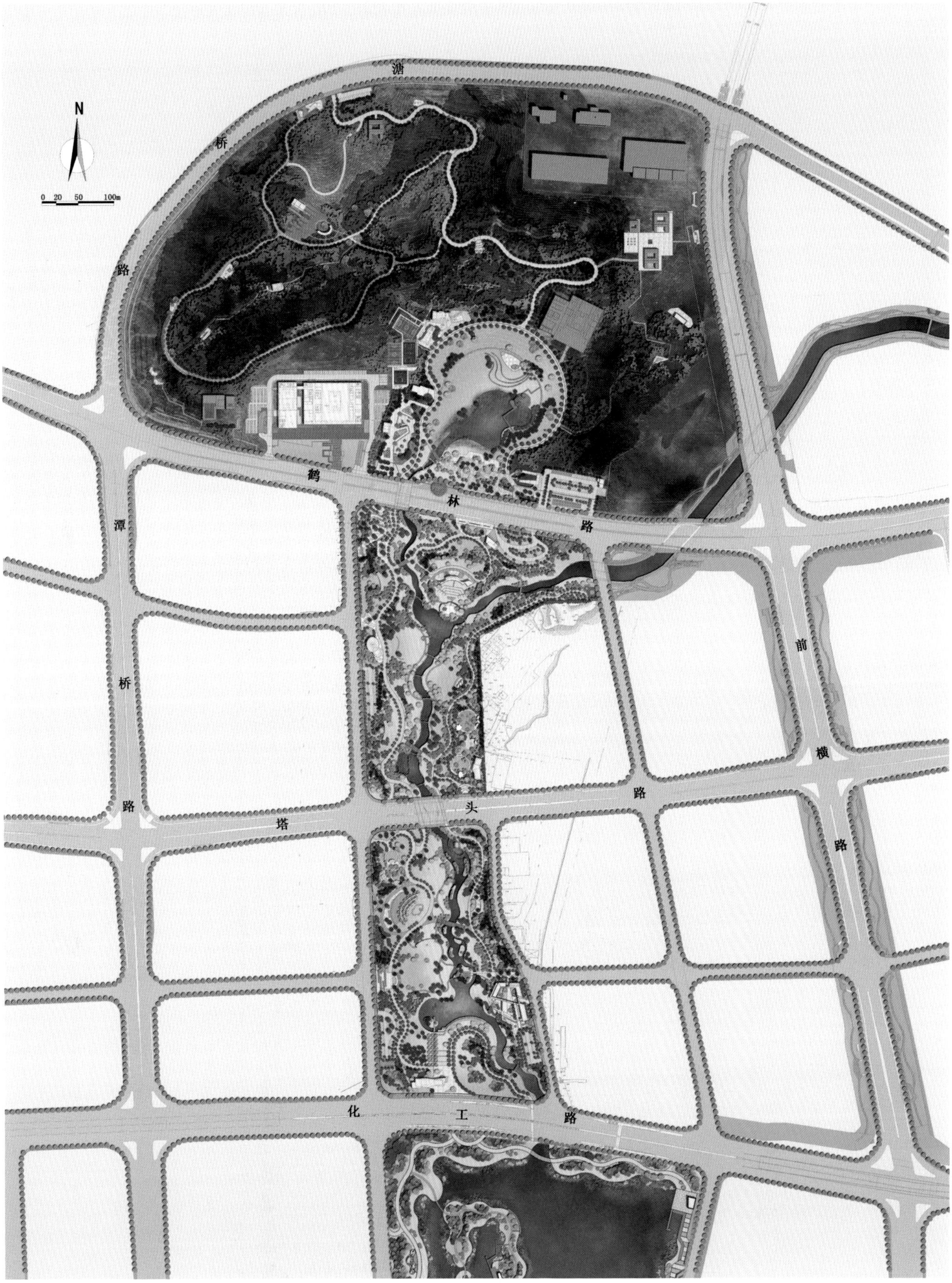

图 1 设计总平面图

图2　效果图

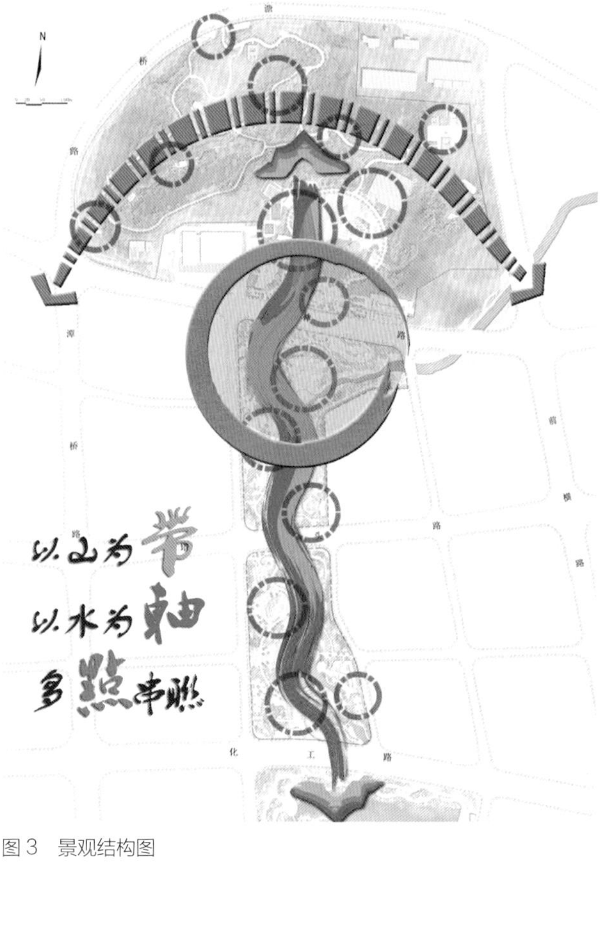

图3　景观结构图

段，河水蜿蜒曲折穿过公园，从而形成“北山南湖，一水贯穿”的自然山水景观。

传统美学与活力营造：为实现传统美学与都市活力的共融，设计遵循中国古代造园专著《园冶》中所说的“造园六法”原则，通过相地、立基、结宇、掇山、装拆、借景这“六法”，在技术层面上有效地解决蓝绿空间交织的城市空间关系。同时以公园为核心，串联周边的晋安体育馆及在建的市科技馆、市少儿图书馆、市群艺馆等城市设施，为公园城市活力的营造做好铺垫。

三、主要技术路线

充分发挥蓝绿交织与山水重构的契机，在城市大型综合性公园的尺度上，融入了水系治理、海绵城市、公园城市、城市双修等重要理念，对接和预留未来公园的城市公共功能，同时融入城市绿道系统，实现生态空间重塑，活力核心再造的目标。

1. 生态修复：结合现有山形以及变电站的安全要求，采用外围抗滑桩结合分层压实和排水层结合的方法修复山地，充分利用渣土进行地形塑造，总体竖向坡比控制在8%～25%，将近50万渣土变废为宝，是城市生态修复的重要实践。昔日的渣土山，华丽蜕变，如今已成了福州

图4 整体鸟瞰图

人气最旺的“网红”打卡地。

2. 多样的植被空间：构建具有丰富的植物多样性和动物栖息环境，种植了超过300种的各类花木，强调了“多种树、造林荫”的基本要求，形成四季景异、常年有花的景观特色。

3. 生物多样性：通过生态修复，依托不同自然植被环境和水体等资源，与自然环境相融和谐，吸引了众多水鸟来此地栖息，让游客尽享自然气息和生态环境氛围。

4. 水系治理：经过水文分析计算，把原本生硬的凤板一支河设计成弯曲、生态、自然式河流，蜿蜒穿过公园。通过改造驳岸形式，优化扩大行洪界面，设置了丰富多样的生态驳岸，凸显生态水系的特质。公园中有潭有湖有河流，水型丰富多样，岸上岸下一体化设计建设，均按自然型河流的设计方法，留得住鱼，藏得了虾，全面体现《福建省万里安全生态水系》理念的技术要求。

5. 海绵城市：打造福州首个海绵公园，体现了山地沿海城市的模式样板。通过“上截成塘—中疏水系—下游蓄湖”的手法，全面提升水安全。全方位系统地采用海绵城市建设的技术方法，园内因地制宜设置了下凹式绿地、雨水花园、植草沟等海绵设施，将公园塑造成了一块天然

图5 生态修复

图6 生物多样性

图7 水系治理

吸水的海绵，起到调蓄洪水、净化水质的功能，实现降低片区30～40毫米洪峰涝水位。

6. 人性化设计：公园主路以小于8%的坡度要求控制竖向，自北而南全线贯穿，人车分离，实现全园慢行系统的无障碍通行。结合多类型人性化的服务设施，完善了公园的配套功能。

7. 契合公园城市理念：突出公园城市特性，利用蓝绿空间编织起城市的公共生活，尤其是将文化设施和康体健身、文化中心、体育中心、居住区等城市功能串联起来。依托晋安公园为主要载体，社会各界团体举办了多种类型的公益项目，公园成为城市的花厅、客厅、展厅。

8. 塑造多样空间：公园景观空间尺度丰富多样，既有大尺度的堆坡造景，也有小尺度的庭院空间，为不同的人群提供了多样的空间用途。

9. 保留乡愁记忆：通过保留修缮公园内部分的历史遗迹，包括古榕、古井、古庙、摩崖石刻等内容，突出地方历史文化内涵，彰显文化底蕴，留住乡愁记。

四、重要的社会影响

牛港山公园已于2018年5月竣工验收，其间陆续接待了各省市乃至全国各级部门领导到访参观学习，在国家、

图8 海绵公园

图 9 生态海绵设施

省、市层面起到了重要的示范作用，也成为福建省生态建设的示范观摩点。同时省市主流媒体全程跟踪公园建设情况，及时作出积极报道，营造了较好的社会舆论。

公园的建成，不仅提升了城市品位，更提升了市民的幸福指数。建成后的牛港山公园，规划理念与工程设计紧密衔接，特色鲜明，成为福州市又一个重要的城市名片。

图 10 观赏性植物景观

图 11 凤丘鹤林

图 12 蓝绿交织

平潭综合试验区竹屿湖公园景观规划设计

项目地点：
福建省平潭岛

建设单位：
平潭综合实验区规划局

设计单位：
福州市规划设计研究院

施工单位：
中建海峡建设发展有限公司

获奖情况：
2017年度省级优秀城乡规划设计奖（风景园林类）二等奖

一、规划背景

平潭综合实验区位于福建省东部，与我国台湾隔海相望，是中国大陆距离台湾岛最近的地方。作为全国唯一对台综合实验区，平潭紧紧围绕“一岛（国际旅游岛）两窗（闽台合作窗口、对外开放窗口）三区（新兴产业区、高端服务区、宜居生活区）”战略定位，在“实验区+自贸区+国际旅游岛”的多核引擎、多轮驱动下，在先行先试中探索“一区两标、包容共存、融合发展、两岸共赢”模式，推动海峡两岸经济社会融合发展。在主岛“一主、四辅、多节点”的城乡空间结构中，岚城组团正是城市发展的核心组团，布局“一岛两窗三区”核心服务功能，带动全区实现高质量发展，而竹屿湖就位于组团的核心区位上。

竹屿湖，深深根植于平潭岛的发展历程之中，公园用地总面积约340公顷，现有水域面积约190公顷，湖体西连竹屿湾口，朝望海坛海峡。

竹屿湖处于平潭岛最为重要的城市核心区域——岚城组团中央商务景观轴的尽端，对平潭岛经济、文化和城市空间的建设方面都具有重要的意义。

不仅如此，从更广泛的地域形态和公共空间结构分析，竹屿湖还是综合实验区多条结构性绿化空间和公共活动轴线的汇聚地区，是平潭主岛最具活力、最有价值的空间单元，也是自然魅力与城市活力激情碰撞的中心地带。

从区域层面整体考虑竹屿湖片区的总体景观风貌要求，并落实到竹屿湖公园本身的建设上来，这在技术层面和实践操作上都具有重要的意义。

二、规划构思

1. 将竹屿湖和竹屿湾作为一个完整的景观体来判断是不可忽视的，内外的连接构成了平潭岛最发达城市空间向海湾开敞的连续带，城市迎向海湾，海湾比邻城市。

2. 通过构筑环平潭竹屿湾大公园系统来强调竹屿湖作为岚城组团甚至全岛的公园之心的特殊地位。

图 1 设计总平面图

图 2 全园鸟瞰图

图3 会展中心鸟瞰图

3. 通过鲜明的设计形象来塑造这一湾、湖、山、城交汇区域公园的独有特征，需要具有多元化、可持续性、吸引力以及生物多样性的特点。

三、主要内容

公园总体定位：湾湖城一体化PBD，国际旅游岛最美湾口。

公园总体形象：麒麟之心、山湾之汇、新老之集 、经纬之结。

针对现状和规划条件，结合设计任务书，方案的思考主要围绕四个方面展开：

1. 强调竹屿湖之全岛绿心领衔地位。

2. 维持原生海湾生态环境，营造具有地带性的低维护生态景观特色。

3. 尊重自然肌理和历史人文遗存，有目的地对不同场所进行空间特色营造。

4. 研究竹屿湖水利工程景观生态优化提升，结合海绵城市理论，制定水环境控制对策与措施。

通过设计强化竹屿湖湾独特的自然形态特征，利用“湾”的主题空间语言，丰富滨湖岸线和与之相适应的滨水功能活动空间，使“湾”的形态特征延伸和融入竹屿湖。

一条长10公里的公园大道环抱着湖区，或跑步，或步行，抑或骑车和电瓶车游览。同时，它汇集了轨道、长途客运、公交、停车场站和周边入口人流，将公园内的活动与交通网络自然连接。

公园大道串联了一系列景观区来回应城市的功能和场地自然特征，分别是MICE世界会展园延伸公园、麒麟华夏海博园、N25海湾花园、荣耀艺苑四大分区。

方案侧重于强调水环境的维护，生态的多样性，包括“海绵城市”的理念、保留原生肌理的湿地水岸线、提升现有岸线形式、创造友好的水生生态体系等举措，湖水的质量将会极大改善，并缓解城市排洪压力。

在处理视觉廊道和关注焦点的选择时，艺术化的筛选将人流引导至在不同角度观赏沿滨水线展开的城市建筑立面、保持CBD中央轴线的通透和节奏，以及面向海湾的壮阔场景。

根据用地条件、已有植被情况，种植规划制定了近远期目标，通过保留、补植、营造三种手段，选用适合的植物品种，分区落点，形成群落完整稳定，景观和生态效益俱佳的近自然森林湖景风貌。

对园区的建构筑物、夜景灯光、家具小品设计，都遵循了乡土和都市化结合的特色，抗耐久性和易于管理的原则，并融入了多种绿色智慧技术来彰显生态和先进性，考虑到未来海岛旅游开发的需要，对公园的标示系统进行了建议和构思。

通过以上思路，全园共构建了盛涛瑞景、同源乐道、田乡花园、抱水蓝湾、荣耀艺苑、文澜水韵共6个景观风貌单元。

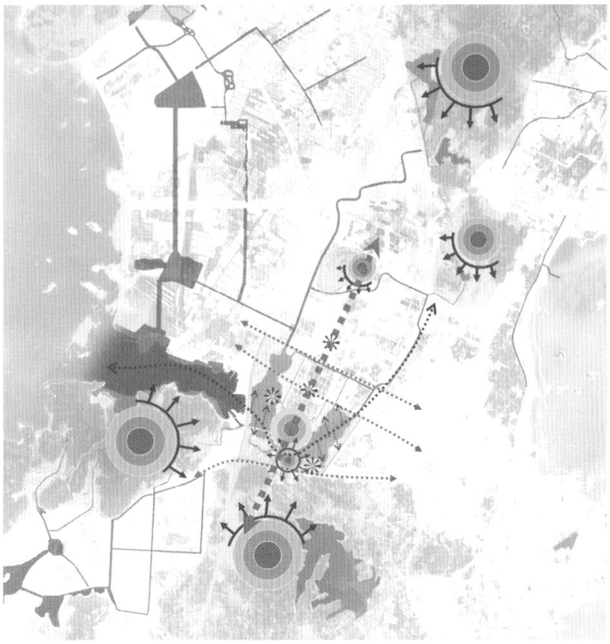

图 4　景观格局分析图

盛涛瑞景：

以远处伫立的南寨山和中央轴线尽端两侧的恢宏建筑为背景，市民广场连接一个如羽翼般展开的公共活动平台，随着主路穿梭在醒目的建筑聚落之中，景观设计以“峡谷”为主题来契合这一区域的标志性形象，强化了多元空间与建筑的融合，森林隧道、光影秀场、滨湖草坪、庆典广场，组合成了令人难忘的地标体验，广场顺坡可到达海峡影院观澜景廊，可以一览湖景，并通过跨水的步行桥通达对岸，智慧系统的便利和互动，更是平添生趣。

同源乐道：

绕过充满科幻感的会展建筑，游人可以参观闽台文化的展示，文创小屋、绿岛茶社和观鸟小站分布在绿茵疏影中，若隐若现。 东溪从这里注入竹屿湖，蜿蜒的湿地水岸，过滤了湖水，为动植物提供了生境，在小码头租一条小船，穿过造型新颖的步行桥，进入杉林垂钓区，自由飘荡，静享午后。

田乡花园：

规划保留东侧田塘山林的肌理，展示地区沧海桑田的变化和竹屿口围垦拼搏的精神，丰沃的土地用来塑造一座水上花园，主路时而穿梭在相思林间，时而又架设在月季花园之上，交通上的立体和视线的多变使游览倍添趣味，沙生植物园、多肉馆如涟漪般晕开在不同尺度的水空间中。村庄被留下来改造成为手工艺坊、餐饮和文创基地。家庭可以在微型农庄体验种植和采收，让人体验田乡之乐。登上山头，都市和湖湾会合的卷轴尽收眼底。

抱水蓝湾：

环形栈道引导游人进入湖中央，自湖岸逐渐降入水面，再由湖中腾起，模拟浪潮涌动的游览体验，环抱对岸的线条勾勒出大尺度的开放空间，人们走到悬挑的观景廊边欣赏着CBD的天际线，孩子们在开满野花的草坪上嬉戏，码头旁游戏场、露天剧场和露营地构成了丰富热闹又生态简美的南部入口区域。

荣耀艺苑：

麒麟荣誉酒店静居一隅，雕塑公园的长堤掩映着建筑，艺术和人居始终是最佳的搭配，主路沿着内湖行走，尤其适合静思放松。一水之隔的老行政中心的建筑和庄上新村的石厝被设计成社会主义核心价值观的宣传阵地和体验地，拓展运动、吃忆苦思甜饭和培训教育等都可以在这里举办，通过跨路的天桥一直通往海湾的竹屿工程纪念碑，这强有力的音符作为历史和当下价值观的对话被时刻铭记。

文澜水韵：

主路把人们带入文化艺术的北部湾口，充满现代科幻感的艺术博物馆、图书馆、康体建筑与妈祖庙和塑像

图 5　东溪俯视图

图 6　活动平台效果图

图7 生态绿岛

产生了强烈的文化对比和共鸣。湖滨的广场带和绿地适合广泛地开展文艺活动，儿童游戏区、景观茶室、室外生态教室等与公园管理房、公共卫生间等建筑功能相呼应的功能被安排在合适的位置，西溪从北汇入湖湾，为了保证水体的洁净和生态的永续，对现有驳岸的自然化处理和湿生系统的建立尤为重要，雨水花园也被穿插在建筑间的绿地之中，保证径流的蓄滞和净化效果。摩天轮和柔软的步行桥渲染出绚烂的夜景，同时也联系了湖与湾。

图8 景观茶室

四、规划特色

本项目的创新点主要有5处：

1. 突破性地放在国际旅游岛发展视野下来思考公园在区位、功能形态上的衔接，利用公园的建设最大限度地带动区域的融合与活力，提供共赢发展的最大机会，不仅在国际竞标中理念超前，对于同类型项目也有重要的借鉴意义。

2. 加强国际合作，引进先进国家如新加坡的成功经验，将公园建设上升为海湾经营和城市共荣，保留最大弹性，最大容纳度的方案特点尤为关键。

3. 项目空间布局基于对场地的深入挖掘，乡土肌理的

图9 公园管理房

利用与最先进技术在同一区域内高度结合的设计语言，成为方案的一大亮点，也为同类型现代公园提供了参考价值。

4. 化劣为奇，针对平潭气候条件的特殊性，在交通组织形式如单轨游览轨道的设计、室内活动设施的比例、生态植被的规划等方面都有创新和完善，力争公园成为全时段和全季节的游览体验地。

5. 本项目采用无人机遥测技术和Lumion虚拟现实平台，尤其对湖体与城市CBD中央轴线的尺度和比例进行仿真化推敲和研究，该技术应用大大提高了方案的可视性和落地性。

图 10 雨水花园

图 11 公共卫生间

图 12 景观桥

福州市飞凤山奥体公园规划设计

项目地点：
福州市仓山区

建设单位：
福州市仓山区园林旅游开发公司

设计单位：
福州市规划设计研究院

获奖情况：
2015年度省级优秀城乡规划设计奖（风景园林类）一等奖

一、项目概况

该项目位于福州市南台岛奥体片区，景区以飞凤山为依托，东面为福州市奥林匹克体育中心，并与齐安山相对。南面为大片的村庄用地，与乌龙江相望。西邻浦上台江园和浦上创新产业园区，北面为大片的工业和居住区。洪塘河、飞凤河、浦上河环绕周边。红线范围内用地面积约86公顷。

总体规划目标以奥体中心为核心，结合配套体育休闲为特色的市级专业职能中心，把飞凤山奥体公园打造成为以奥运为主题，具有福州标志性的城市风景线。同时满足不同年龄人群进行奥运体验、运动健身、休闲娱乐等功能，具有生态、活力、魅力的全市综合性山地公园。

二、设计基本思路和理念

在形象上，从其与奥体中心的关系入手，作为福州的城市客厅，向游人展示出福州的自然人文等地域特色。

在功能上，不仅要能满足大型赛事举办期间的特殊使用功能，同时在南台岛片区，打造出多功能的活动场所，形成城市新的健身娱乐聚集地。

在人气上，提升奥体中心及周边整体城市的宜居性，聚集人气，带动地块的发展，形成具有活力的城市职能中心之一。

规划设计理念为：“绿色，多彩生活的开始”。象征着五环的色彩、榕树的根盘、盛开的花朵、奔跑的动态以及凝聚的形态。

三、设计策略

1. 文化策略

福州的城运会盛典中，奥体公园的设计利用了福州的代表元素，体现出福州的地域特色，给全国人民留下了深刻的印象。同时营造场地的归属感，给市民带来熟悉亲切的游玩环境。通过文化和本土景观来讲述这个城市和这个场所的故事。

图 1 总体鸟瞰图

2. 生态策略

作为奥体中心生态轴的重要组成部分，有着重要的生态功能。方案侧重通过对山体的植被进行生态林相改造，打造出五彩缤纷的后花园效果。同时重视各种自然元素的运用，包括植被的群落、土坡及小环境的多样化、水的自然利用等，共同演绎“生态”这一永恒的主题，寻找人与自然之间、人与人之间的和谐。

3. 景观策略

将城市肌理和“城市化”的要素运用到公园的规划设计中，创造出自然与城市契合的界面，将生态融入城市，城市融入生态。

4. 功能策略

在设计风格上，追求简约和单纯，以场地的绿色生态作为整个场地的基底，结合城市绿地功能的完善，不仅为周边区域市民活动提供方便，还打造出具有吸引力的综合性公园。

四、主要设计内容和方法特色

1. 生态之核，海绵之园

方案侧重与奥体片区的生态网络连接，与城市界面的生态化处理，生态林相改造，低影响水处理，透水材料的运用，同时重视各种自然元素的保留和演替，包括植被的群落、山体林下环境的多样化等。

2. 山水相连，活力现代

设计语言体现了“简”和“活”，串联起飞凤山和飞凤湖，注重了与奥体中心的轴线联系，梳理了山体与乌龙江、高盖山之间的视线通廊，延续了奥体中心的活力特征。

3. 平赛结合，灵活利用

在功能上，不仅能满足大型赛事举办期间各种庆典活动的场地需求，同时作为奥运体育文化和精神传播的载体，也形成了城市新的健身娱乐聚集地。

五、主要创新技术研究和探索

1. 基于保护的林相改造和演替——动态化森林演替

依照森林景观生态学原理，合理划分保育区、改造区和深切区；采用乡土树种，梯度演进，恢复和丰富森林生态系统结构的稳定性、功能的多样性和景观的多变性；采取“线”“面”结合的布局结构，结合景观需要，逐步形成“绿色廊道”“层林绚秋”“繁花竞秀”“佳果荟萃”等各具特色的林相格局。

2. 裸露破坏山体的修复规划

部分山体裸露破坏部分修复设计的关键是岩面的生态

图 2　飞凤湖鸟瞰图

图 3　飞凤湖音乐喷泉

图4 中轴线透视图

图5 服务建筑

图6 服务建筑夜景

修复，采用植被混凝土护坡绿化技术、人工植生槽、人工植生带和喷混植生等技术。同时结合整体竖向设计，尽量保证土方的就地平衡，开挖湖体的土方部分作为山体修复填方用土。

3. 生态水环境规划

通过生态补水规划，对公园内飞凤湖进行补给，同时对公园内的河道采用自然生态的理念进行设计。在乌龙江设置一体化浮船式取水泵站，提供本地块水系的生态补水来源。

4. 基于海绵城市和低影响开发思路的节约型公园设计

（1）效法自然：排水节点采用植被和自然土壤覆盖的雨水花园、植物草沟、绿色屋顶等温和、自然的方式处理雨洪。

（2）变废为宝：将雨洪进行收集，沉淀处理后进入飞凤湖，作为奥体片区的景观灌溉及市政用水，开源节流，体现节约型园林。

（3）综合设计：使水资源循环成为整个低影响开发的主线，水体资源的流动和利用，串联起景观湖体、市政排水设施、绿地景观、道路系统等多个规划要素。

5. 全国首个AI奥体运动公园

与百度AI合作，配合奥体概念，突出AI+全民健身特

图 7　中轴线广场景观

图 8　飞凤桥鸟瞰图

图 9　景观休息区

图 10　廊架

色，落地了华东地区第一个Apollo无人车和新石器无人智能贩售车项目，与智能体测、智能步道、大众健身数字平台管理系统——智能运动数字平台、智能导览机、AR太极武术互动大屏共同打造AI运动休闲打卡圣地。

六、新技术、新工艺、新材料的运用

1. 科技福州 AI飞凤山

依托百度AI能力，为奥体运动公园赋能，配合奥体概念，突出AI+全民健身特色，与海峡奥体中心形成互补，打造互动+科技感的户外健身空间。

主要运用新技术包括：

（1）Apollo无人小巴

（2）无人智能贩售车

（3）AR互动体验

（4）智能健身区及体测小屋

（5）智能AI互动设备

图 11 步道

2. 大众健身数据管理平台系统

应用情况：

公园运营与全民参与相辅相成，体验科技赋能智慧生活的应用场景，提升大众参与度，充分打造智慧福州、普惠民生的城市形象。同时与福州市数字峰会启动仪式相互呼应，形成良好的互动效益。

3. 基于海绵城市思路的节约型公园设计

应用情况：

海绵城市理念和设施的运用，水资源循环成为整个低冲击开发的主线，水体资源的流动和利用，串联起景观湖体、市政排水设施、绿地景观、道路系统等多个规划要素，并使之形成有机的整体。

4. 基于保护的林相改造和演替——动态化森林演替

应用情况：

森林林相的改造呈现动态的复原和多样性增加的特点，边坡裸露和水土流失的现象得到极大改善和好转，基本实现了山体的绿色全覆盖。

斗顶水库下游雨洪公园修建性详细规划

项目地点：
福州市晋安区新店镇

建设单位：
福州市花木公司

设计单位：
福建省城乡规划设计研究院
福州市规划设计研究院

获奖情况：
2017年度省级优秀城乡规划设计奖（风景园林类）三等奖

一、规划背景

近年来福州存在城市扩张，建筑压迫河道，不透水下垫面增加，河道渠化，泄洪压力增加，逢雨必涝等现状。部分内河污染严重，水生环境恶劣，生物活动消失，人类亲水意识淡漠，以及城市雨水资源利用率较低，水资源浪费严重。

2016 年 4 月，福州市正式入选第二批全国海绵城市建设试点城市名单。“十三五”期间，福州市将启动城北山洪防治及生态补水工程建设，强降雨时将城区西北部山洪直接引入闽江，缺水时将水引入江北城区内河进行生态补水；同时，启动环城湖体及雨洪公园建设工作，斗顶雨洪公园便是其中的试点项目。

同年4月底，福州市花木公司邀请多家省内外知名设计单位参与斗顶雨洪公园方案竞标，本规划在多个方案中脱颖而出，获得方案评选第一名，并最终中标，方案深化后形成此次规划成果。本次规划项目用地面积约6.86公顷。

二、规划构思

理念：斗顶雨洪公园——水文+生态+城市更新

诉求：斗顶雨洪公园地处福州市江北主城区，位于斗顶水库下游，属晋安河流域的源头，也是江北主城区内涝的高风险区。因此，雨洪公园的建设目的，一方面是承接上游水库汛期洪水；另一方面要解决自身及周边场地径流，缓解下游调蓄区段的排泄压力。

项目毗邻儿童公园、动物园、森林公园、莲花山风景区等公园绿地，共同构建起福州市新店片区公园体系，基地公园功能的调整植入，应与周边公园绿地功能形成反差和互补，完善区域公园体系格局。新店片区现状绿道规划以纵向为主，公园的建成也将打通横向的联结，完善片区绿网。

定位：规划对公园的总体定位在宏观层面是福州中心城区雨洪调蓄示范区；中观层面则是新店片区公园体系的重要节点；微观层面上项目规划希望打造一个集雨洪调蓄示范、社区生活更新为一体，功能兼容性强，特色鲜明的可持续型生态公园，营造城北公园体系中一处清幽的“起居室”。

三、主要设计内容

1. 全面分析雨洪格局，扩大研究范围，协调公园与周边用地及城市的关系，明确公园的定性与定位。

2. 塑地理水，恢复场地自然肌理。为实现整体雨水管理，原有泄洪渠单侧下挖，打破硬质驳岸，恢复河流滩区系统，为水库汛期泄洪提供滞留空间，同时，增加场地

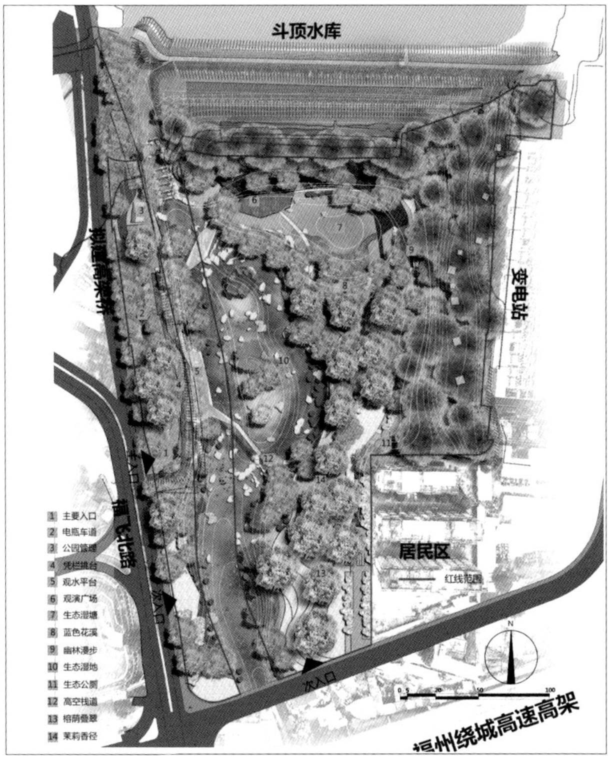

图1 设计总平面图

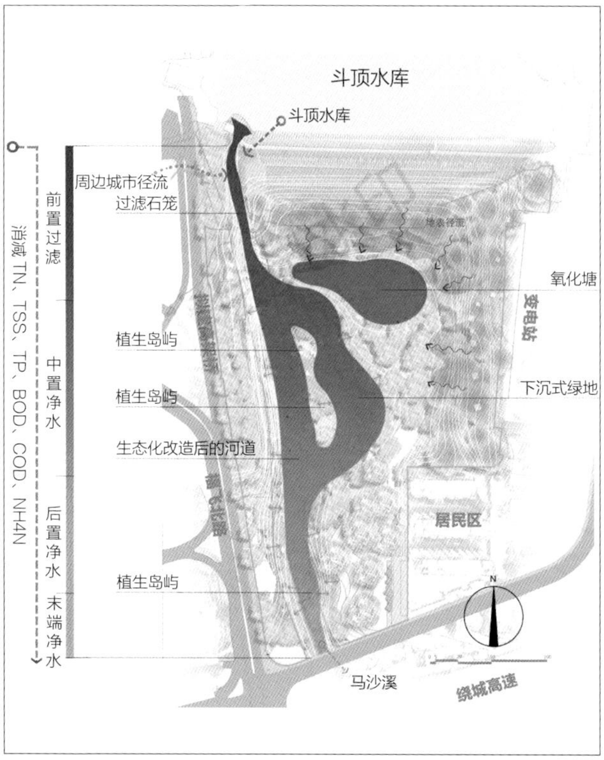

图2 生态设计策略

图3 水资源循环

图 4 海绵湿地汀步

图 5 旱溪景观

生物多样性，并为游客提供亲水活动空间，增强场地水环境特征。强化空间围合，削弱周边电厂、高架快速路的视觉及噪声影响，营造都市幽谷特色景观。

3. 结合完善的雨洪调蓄设施及智能预警系统，充分体现雨洪调蓄的示范作用。依据雨水管理需求，场地采用透水铺装，并布置人工湿地、渗透池、植被缓冲带、植草沟等设施。下雨时，雨水经过绿地及透水铺装下渗、吸纳，减少汇入泄洪渠的径流量；暴雨时，水库泄洪，下凹场地将分流滞蓄部分洪水，并对延缓下游洪峰到来起到一定作用。

4. 按照不同年龄使用者的需求，设置特定的功能区域与设施，激发场地活力。

5. 结合地形，以湿地水景为主体，打造福州独树一帜的近郊溪谷湿地生态公园。

四、项目特色

1. 城市开展雨洪调蓄工作的示范点

场地作为福州第一批雨洪公园试点项目，意义深远。通过合理的场地及周边雨水管理措施布局，致力于打造城北门户形象及雨洪管理工程示范区，来激活整个晋安河流域乃至福州城区雨洪调蓄工程。

图 6　自然式蓄水溪流湿地

2. 生态修复实践与城市特色景观营造

规划方案创造性地打破现状硬质水渠，将块石泄洪渠拓宽为平坦蜿蜒的自然河道，恢复河流滩区系统，扩大行洪通道，有效集蓄雨洪。同时，为削弱周边高架环绕、电塔林立的不良景观，利用下凹场地，刻意造以蓝花楹为主题的都市紫色幽谷特色景观。场地多功能开放空间及特色景观，有助于打造城北门户形象，为新店片区旅游发展和经济建设带来机遇。

3. 提出完善的策略与措施，指导具体建设项目

规划分别针对公园雨水管理、生态修复与景观设计提出策略，并进行了雨洪专项设计，有效指导了城市公园作为生态基础设施，如何与水资源保护和利用巧妙融合在一起。同时也起到管理雨洪、增加生物多样性和提供娱乐空间等多重功能。提供了科普教育机会，使人们在亲水过程中，提高环境责任感。

4. 运用技术模拟规划成效，使项目得以落地实施

规划过程中，相关技术人员利用MIKE模型动态模拟了方案的泄洪状态，测算得出水库泄洪时，场地下凹河道可蓄容约1.2万立方米，洪峰最多可延时排放约18分钟，这一新技术的应用有利于项目能真正实现场地的雨洪调蓄功能。

图 7　拦水坝小钢桥

五、实施情况

项目建成后，成为福州“海绵型绿地”“海绵技术示范工程”样板示范工程。与其他公园相比，海绵公园较系统性地将植草沟、雨水花园、下沉绿地、湿塘、湖体等景观串联，体现了“渗、滞、蓄、净、用、排”的海绵设计六大措施。海绵公园的建成，不仅能增加城北公园景观特色，还能适度管控雨洪。作为福州市海绵城市实践的起步点与示范区，带动了城市雨洪调蓄工作的开展。

福州金色沙滩景观工程（福州沙滩公园）A标段

项目地点：
福州市仓山区

建设单位：
福州市花木公司

设计单位：
福州市规划设计研究院

施工单位：
福建省顺帆市政绿化养护工程有限公司

获奖情况：
2016年度福建省“闽江杯”园林景观优质工程奖

一、项目背景

福州沙滩公园设计之初从上层规划出发，明确基地作为全长66公里环南台岛景观的一个重要组成部分，在“青山秀水、田园花廊、古都新城”的总体规划理念的指导下，公园设计提出依托自然山水，联系场地文化，优化生态环境，创建具有连续性的自然+文化的滨水空间，创建集“生态修复、文化记忆、城市绿道、景观重塑”四位一体的开放式江滨公园。

二、项目概况

福州沙滩公园位于福州市南台岛乌龙江沿岸三环西北段，环南台岛滨江休闲路防洪堤外侧，淮安至橘园洲大桥段洪塘大桥两侧绿地，西邻乌龙江，东有妙峰山，用地全长约5.3公里，宽度25～200米，总面积约37.13公顷。

福州沙滩公园是福建首个拥有最大面积江畔沙滩的滨水公园，沙滩总面积约3.6万平方米。公园建设共分九个标段先后完成，其中第一标段，沙滩公园一期A区，即本项目约3.7万平方米，于2014年10月投入使用，沙滩面积约2万平方米。本项目建成后，受到广大市民的一致好评，这片沙滩还被网友誉为福州版“马尔代夫”。

三、技术特色

1. 近自然河流景观设计理念指导下的生态优化与修复

现状场地生态环境因挖沙填沙频繁，遭到一定的破坏，植被稀疏，生物多样性减弱，本项目遵循近自然河流景观设计的理念，优化和修复河流生态环境。设计尊重乌龙江河道原有的平面形态，形成较为完整而丰富的潮间带、河滩地和防洪堤的近自然化景观特色。主要有三个方面的措施：

（1）通过场地竖向的谨慎保护和利用，重新塑造河滩微地形，修复被防洪大堤切割的河滩阶地以及被防洪堤设施破坏的江岸生态系统。采取低干扰的建设方式，设置慢跑、露营、风筝、沙滩排球等亲近大自然的活动，凸显近

图 1　设计鸟瞰图

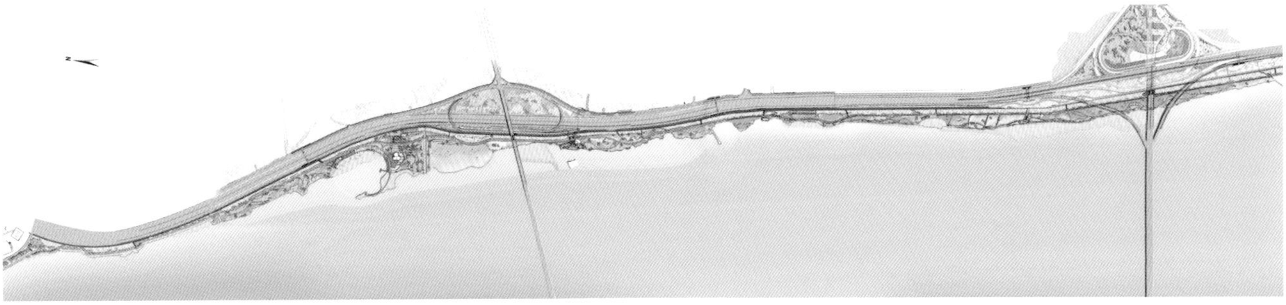

图 2　设计平面图

图 3　入口设计效果图

自然化的滨河自然景观特色，避免“都市公园化”。

（2）水流较快的潮间带通过抛石措施加固整理岸线，满足水岸的植物生长和动物栖息的重建。

（3）防洪堤在满足堤身结构安全的前提下，将其融入公园整体规划设计中，通过覆土绿化的方式近自然化地改造硬质防洪堤，做到“建堤不见堤”。

2. 城市绿道与水利设施相结合的景观生态化设计理念

百年一遇的防洪堤岸贯穿全线，以防洪堤顶为底设置自行车和步行的混合绿道，有序规划驿站设施，进行有效

图 4　总鸟瞰图

图 5　滨江沙滩景观

图 6　堤坡景观

接驳。另外，利用堤外防洪堤反压平台设置公园主路，与堤顶绿道无缝对接。本项目对防洪堤护坡的景观生态化处理进行深入的探索：花坡、草坡置换混凝土、抛石防洪堤护坡。适当培土+坡底矮墙挡土+生态的排水方式。其一，为种植地被创造条件，形成堤坡覆绿；其二，自然的收水排水方式让场地实现“隐形”排水。

3. 人文与自然的完美结合，重现“最美沙滩”

基地现状保存的最大沙滩是福建农林大学西大门曾经的“爱情圣地”“最美沙滩”，这里承载着无数农大师生和福州市民的美好回忆，因挖砂、堆砂被不断侵蚀，沙滩环境遭到破坏。沙滩公园的建成恢复重现了人们记忆中“碧水金沙”的“最美沙滩”，同时为不同人群提供不同的场所体验，为老人、青年、孩童，亲人、情人、路人提供别样的场所体验。体现在以下两个方面：其一，沙滩公园与农大师生重温浪漫的爱情圣地；其二，为人群游客提供沙滩活动（放风筝、沙滩排球、足球等）。在观赏草种植园中，为儿童创建自然沙滩游戏场，朝气蓬勃、活力四射，为场地留下新的记忆。

图 7　沙滩与晚霞

图 8　沙滩休息亭

图 9　沙滩活动

4．注重人与环境的关系，满足市民需求

由于本项目驳岸水文复杂，不宜亲水，为满足人们在沙滩边尤其强烈的亲水性，建设了一处近千平方米的戏水池，夏日里，这里是极具人气的活动场所，为沙滩公园增添了活力。

大腹山山地步道建设项目

项目地点：
福州市鼓楼区

建设单位：
鼓楼区建设投资管理中心
鼓楼区步道办

设计单位：
福州市规划设计研究院

施工单位：
福建建工集团有限责任公司

获奖情况：
2017年度福建省“闽江杯”园林景观优质工程奖
2019年度福建省优秀工程勘察设计奖一等奖

一、项目基本信息

大腹山山地步道项目位于福州市鼓楼区，闽江东侧，是鼓楼西城市山水步道网中的组成部分，启动示范段。

福州城区西北片山水步道网，含大腹山、五凤山、科蹄山、金牛山、左海、西湖等绿道网建设，大腹山山地步道项目建设连通三山，其中大腹山最高海拔182.6米，五凤山最高海拔151.9米，科蹄山最高海拔112.4米。公园绿线范围653公顷，建设范围120公顷，步道总长20公里，其中一期建设3公里（虎坑水库—五凤山公园），二期建设9公里，三期建设5公里（义井登山公园—省军区），远期建设7公里（软件园C区—五凤山）。

山体现状植被良好，山体轮廓线较为完整。鼓楼区大腹山山地步道一期步道全长2.5公里，从福州软件园虎坑水库至五凤公园，漫步柏油路，红绿双线划分漫步道和跑步道，两侧绿荫葱郁，极目远眺，五凤山、大腹山、科蹄山尽收眼底。依托自然的山体资源、原生森林植被，以重要的山地制高点和自然、人文资源为主，重点打造福州城西高新科技时尚感强的山地休闲步道。为尽量保护大腹山的原生态，步道建设过程中尽可能不破坏原植被及乔木，考虑四季林相改造，后期补植时紧密对接周边规划、绿地系统及山体规划，尽量让补植绿化部分与现有步道体系衔接。

项目设计预算约1.2亿元，目前已竣工验收并对外开放。

二、设计思路

公园设计以保护原生态自然植被生境为第一要义，采用留有余地的设计方法，依山就势，顺应地形地貌，塑造能够览城秀美视线、城市郊野登高健身、沐浴山林自然清新、体验山野游乐等独具特色的山地公园项目。

1. 鼓楼大腹山山地步道是位于城市核心区域的山地休闲步道，咫尺于都市，服务于市民，深入于百姓居家周边的生态公园。公园总体交通路线组织充分考虑周边居民的便捷可达性，组织设置交通服务设施，方便群众需求。

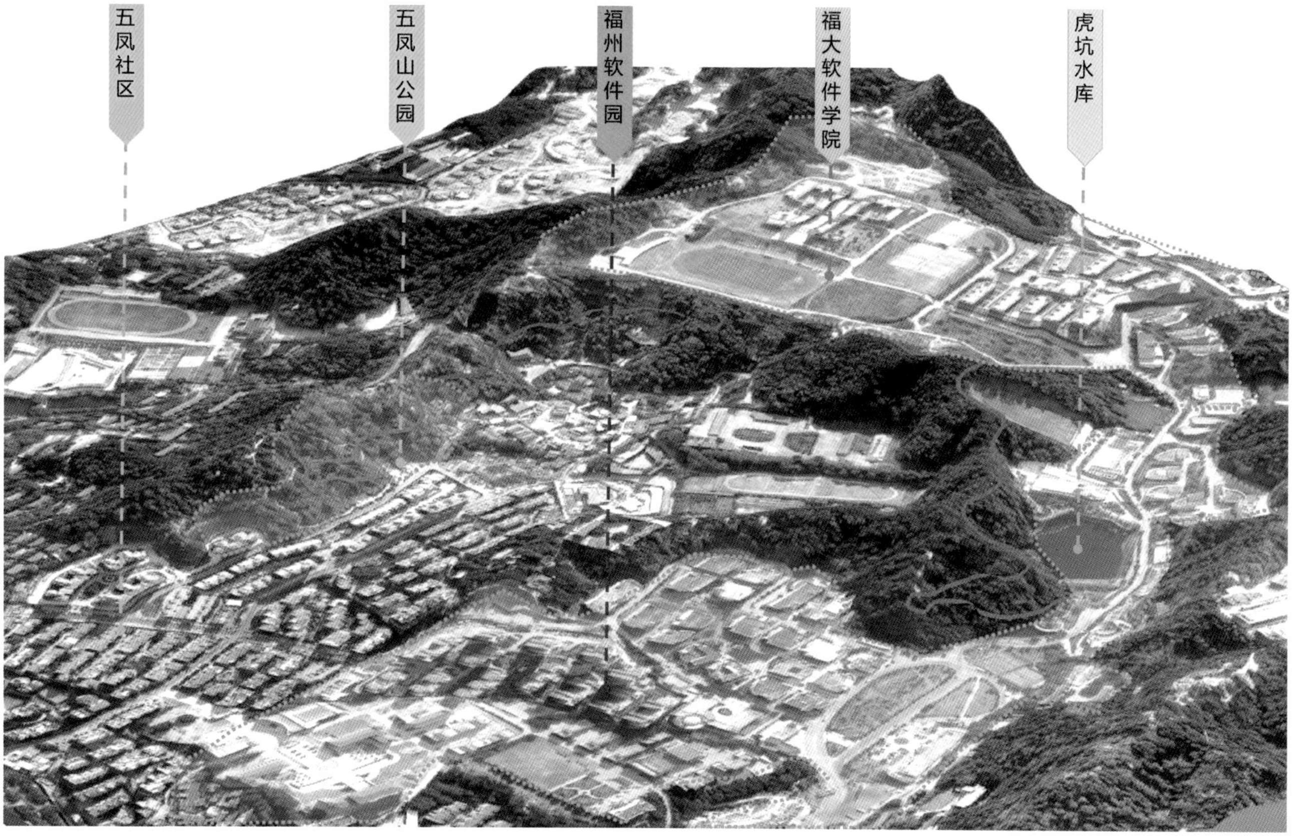

图1 路线鸟瞰图

2. 山地步道公园所处福州西向自然环境优异的山林壮美之地，优越的原生态植被资源，成为百姓亲近山野环境、欣赏自然、赞美自然、回归自然的理想场所，让人感觉到一身轻松，辗转于城市和乡野的大好风光之间，近在咫尺，便捷可达。

3. 公园建设充分考虑对山体生态环境的保护和修复，坚持无便道施工，减少大开大挖等大型机械作业，景观节点和服务设施设置均结合山形地势地貌现状，融入自然山林环境中，做到宛若天成、自然而然。利用已有山地山石材料等原生态材料，保留和保护原有植被，辅以自然生态的生产工艺和海绵理念来建设公园。

4. 多样的交通步道网络，组织串联起沿线的览城、山林、休闲、服务、登高、望远等节点，形成串珠公园。同时丰富通行步道的等级设置，总体绕山大环下多个步行小环路径，增加通达性，大环套小环，环环相连，满足不同时长（半小时步行环、一小时步行环）多种体验的步行游赏需求。

5. 公园绿化设计围绕保护现有的前提下，以展现山林乡野风貌为主旨，采用片林植被的种植方式，以量取胜，塑造环绕福山山腰间的一抹红丝带。以传统的福红文化为主线，展现福州本地的春花和秋叶景观。枫香、乌桕、木棉等红色系秋叶景观树连绵于步道沿线，片林节点（桃源境、美人驿、相思台、桃花园）分散串珠其间，随着步道延续行进，在山林翠绿背景下，犹如一个个高潮点和红色视觉的爆发点。

三、技术措施和设计亮点

鼓楼大腹山山地步道建设采用了一系列包含生态理念的措施手法，以及为满足山体施工条件和保护山体植被土壤生境而采取的工程措施。

1. 模数化组装化设计：山地公园建设材料转运困难，为保护原有山体环境，减少破坏毁伤而禁止开辟施工便道，我们提出模数化和组装化的理念。所有设施均采用模数化的构件组成形式，在工厂加工后现场组装，构件单体模数化组装化设计既方便施工，实现资源利用的最大化，又可缩短建设工期，同时便于运输，减少现场机械施工和工程建设对环境的破坏。

2. 多样的步道断面形式：山地环境地形复杂，起伏多变，因地制宜就显得尤为重要，不拘泥于一种形式的断面延续方式。上下交错、左右分幅的多样化的步道断面形

图 2　生态绿道

图 3　无便道施工

式设计，在满足通行功能要求的前提下，最大限度地保护山体地形，真正做到依山就势、因地制宜。

3. 生态石笼挡墙设计：山地公园地形陡峭，排水问题需要很好地解决，石笼挡墙能很好地分散上边坡水流的冲刷力，过滤断枝落叶等易堵塞排水管道的物质。石笼挡墙易组装，模数化的规格可自由组合，形成错落有致的石笼景观墙。细钢筋框架使其适应性更强，热镀锌防腐防锈处理后耐久性更好，钢丝网箱的结构造型更能适应于山地环境中，经过石缝填充和绿化补植，以及自然野生植物的覆绿，与周边环境自然融合。

4. 泵送混凝土技术的应用：山地环境下步道建设不允许大面积做施工便道，泵送管加压输送混凝土能有效地解决这个问题。人工扛运施工建材上山后，铺设好管道，山脚加压泵送混凝土，可全线同时开工，有效解决步道路

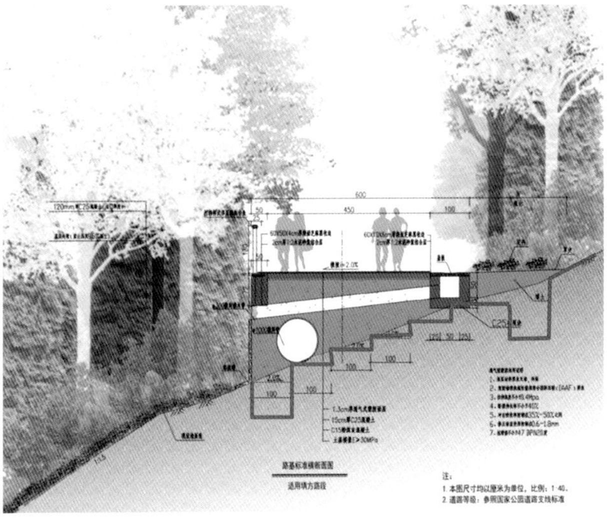

图 4　路基段纯填方断面做法

图 5　石笼挡墙

图 6 生态修复自然湖体

图 7 公园入口俯视图

基基材填充问题。可使用轻质泡沫混凝土填充物、低标号粉煤灰混凝土等。

5. 海绵理念的应用：山地公园横向断面坡度大，尤其在暴雨季节已形成强地表径流，影响游览和设施安全。地形修整充分结合海绵设计理念，沿上边坡设置下凹式雨水花园，既可消解横向雨水的冲刷污染，过滤水质，又可丰富绿化景观。

四、规划技术优点归纳

鼓楼大腹山山地步道穿行于山林植被之中，相思柔秀壮美，桉树高耸挺拔，一幅山野仙境。公园设计以保护原生态自然植被生境为第一要义，采用留有余地的设计方法，依山就势，顺应地形地貌，塑造能够览城秀美视线、城市郊野登高健身、沐浴山林自然清新、体验山野游乐等独具特色的山地步道公园。

1. 选线布局好：路线规划重点突出紧临城区的山野原生境景观体验，充分利用山水资源条件，临近居民区便于市民日常游憩和假日休闲，依山就势、因地制宜。福山生态公园是位于城市核心区域的山地休闲步道，咫尺于都市，服务于市民，深入于百姓居家周边的生态公园。公园

图8 海绵化处理

总体交通路线组织充分考虑周边居民的便捷可达性，组织设置交通服务设施的网络化；组织半小时步行漫步环、一小时览城观景环、两小时山野森境体验环，满足登高、健身、览城、沐林等不同体验。

2. 创新理念优：山地公园横向断面坡度大，尤其在暴雨季节易形成强地表径流，影响游览和设施安全。地形修整充分结合海绵设计理念，沿上边坡设置下凹式雨水花园，既可消解横向雨水对设施的冲刷破坏、水土流失、环境污染，又可净化水质丰富绿化景观，同时创新性地提出山地公园的石笼挡墙做法，一方面进一步增强了抵御山洪冲刷的能力，另一方面与碎石等乡野材料和植物配置相结合，更好地融于山体自然环境。模数化、易安装、可自由组合、耐久性更好、钢丝网箱结构、更适应山地环境的石笼也给施工带来了极大便利。

3. 生态环境优：公园建设和步道选线、选型依山就势，充分保护和利用场地范围内的自然地形和植被条件，充分利用荒地、废弃地，对场地内原有的渣土堆场、垃圾山进行生态修复改造，既减少了工程维护成本，又能突出山、水、林、田、城相融的生态特色。步道两侧种植特色高大乔木，林荫全覆盖，进一步强化了公园的生态优势。

4. 配套设施齐：生态公园游览线路选择多样化，沿途设置休息驿站、公厕、停车场等配套服务设施，并辅以智能化管理，方便不同年龄人群的使用。山地生态公园体现了览城观景与休闲健身并重，沿线休息配套设施和观景休闲平台均组织最优生境和最美视线。

五、重要的社会影响

2017年5月鼓楼大腹山山地步道项目作为2017年福州市城建项目全省拉练的重点展示工程，迎接省市领导和普通百姓的检验，经评比获得总分第一名的荣誉称号。2017年竣工验收至今，项目更成为福州市及鼓楼区登高健步健身活动的重要举办地，先后举行了“2018生态公益徒步活动”“2019年家在鼓楼万人健步行”等集体游赏健步活动，同时该项目是2017年鼓楼区委区政府为民办实事一揽子计划中的重点民生工程。在项目建设过程中省市主流媒体全程跟踪公园建设情况，及时作出积极报道，营造了较好的社会舆论。

图 9 花海梯田

图 10 休息驿站

图 11 无障碍公厕

福州左海公园—金牛山城市森林步道第 2 标段（施工）

项目地点：
福建省福州市鼓楼区

建设单位：
福州市鼓楼区建设投资管理中心

设计单位：
锐科设计（LOOK Architects）
福州市规划设计研究院

施工单位：
中国一冶集团有限公司（总包单位）
福建中园市政景观发展有限公司（专业分包）

获奖情况：
2017年国际建筑大奖
2017年度福建省“闽江杯”园林景观优质工程奖
2018年新加坡总统设计奖
2018年DFA亚洲最具影响力设计奖大奖
2018年全国冶金行业优质工程奖
2019年度福建省优秀勘察设计一等奖
2019年中国钢结构金奖

一、项目背景

党的十八大报告把生态文明建设与经济建设、政治建设、文化建设、社会建设一道纳入中国特色社会主义事业总体布局，并对推进生态文明建设进行全面部署。为深入贯彻落实党的十八大精神，福州市在总体规划和城市建设方面开展了一系列的专题研究和项目实践，统筹规划各区县“建设一条特色绿道、打造一个生态公园”。鼓楼区从服务金牛山周边约20万百姓、衔接左海—闽江城市公园绿道、恢复生态治理金牛山水土流失的角度综合考虑，响应城市绿道建设与山地公园开发，打通西湖与闽江的山地公园步行通廊，福州市政府提出建设福州金牛山城市森林步道，福道项目应运而生。

习近平总书记2013年4月2日在参加首都义务植树活动时讲到“森林是陆地生态系统的主体和重要资源，是人类生存发展的重要生态保障。全社会都要按照党的十八大提出的建设美丽中国的要求，切实增强生态意识，切实加强生态环境保护，把我国建设成为生态环境良好的国家。”秉承这个理念，生态建设是福道项目贯穿始终的核心理念。福道紧抓海绵城市技术、微创设计建设、保护性山体绿化、舒适性生态体验等要点，力求用微创式的精雕细琢向人们呈现项目的自然美和亲近感。

福州金牛山城市森林步道又称福道，位于福州市鼓楼区金牛山，项目东起左海公园环湖步道，西至闽江公园（国光段）。钢结构架空步道总长约8.2公里，车行道总长约6.2公里，登山步道总长约6公里，共规划9个出入口与城市对接，沿线共有7座地标性服务建构筑物，两座特色景观桥，是城市中心一条连接“城—湖—山—江”并与山林水体相融，集健身、休闲、览城于一体的绿色走廊。

金牛山是一座市中心的小山。从建设急迫性来看：一方面，周边有部队、学校和少量商业，但主要以居住社区为主，绿道有极大的社会需求；另一方面，城中山地宝贵的森林资源得不到妥善的利用和共享，逐渐遭受人为破坏的情况应该及时得到改善。从周边资源来看，金牛山东临

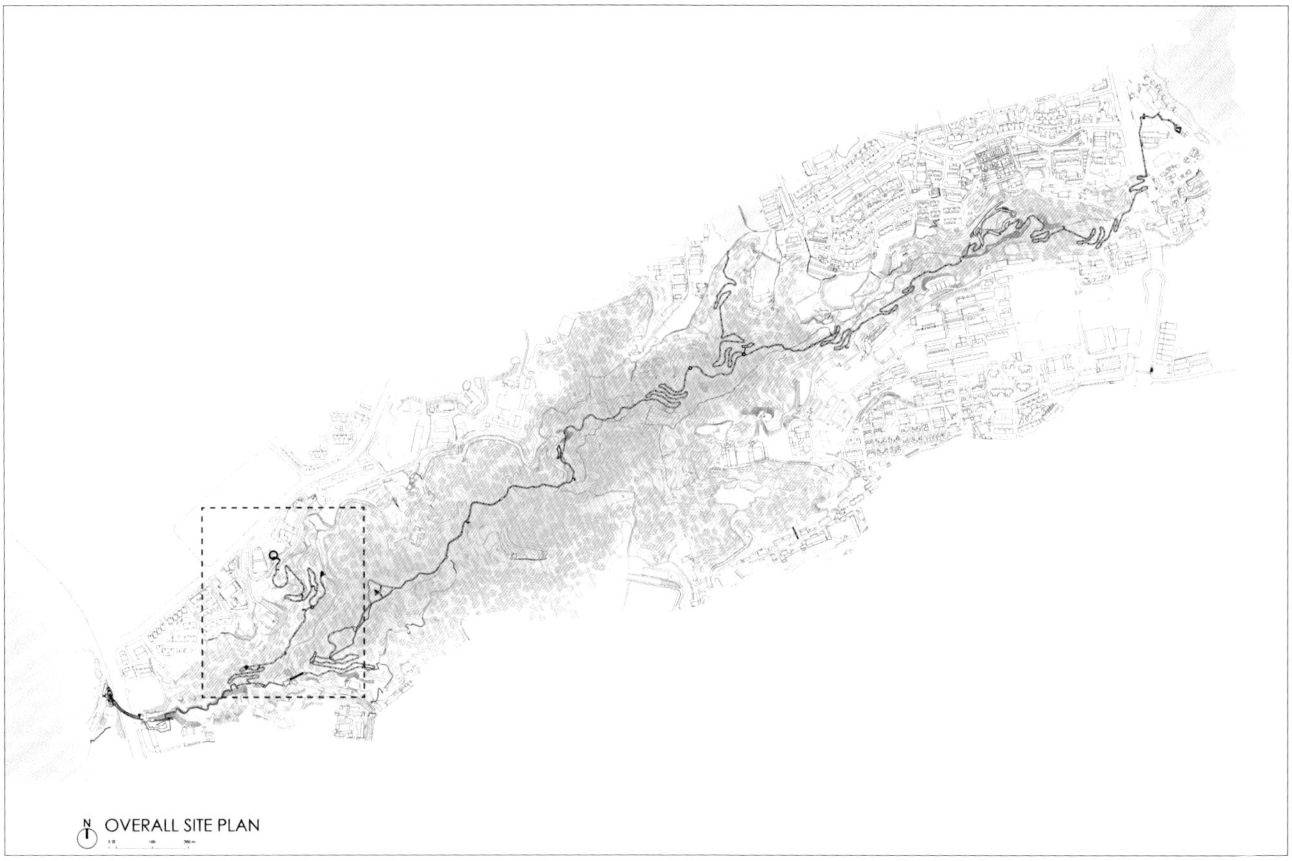

图 1　福道总平面图

左海公园可远眺屏山镇海楼，西接闽江和江滨公园可览新城风貌，南眺老城又可目送闽江东去，北望大腹山，还可再拜城北一众靠山，故立足福道可观福州山水城之格局。从城市交通来看，四面紧邻城市主干道，东侧西二环快速路、南侧杨桥西路和地铁4号线、西侧洪甘路、北侧梅峰路，公交线路众多，交通便捷，出入方便，可达性强。

二、设计理念

“用微创式的精雕细琢呈现自然美和亲近感”是本次设计的核心理念。长久以来，山体开挖、生态破坏、体验不佳是山地公园建设的几个主要矛盾。为解决上述问题，福道将核心理念分解为互相联系的三方面目标，即“生态设计、微创建设、舒适体验”。并通过“生态保护设计、山地海绵设计、灵活游线设计、舒适体验设计、微创地标建筑设计、微创施工建设”等特色措施一一落实。

三、总体特色

1. 生态保护设计

主要体现在六个方面：（1）步道线形设计。既贴合等

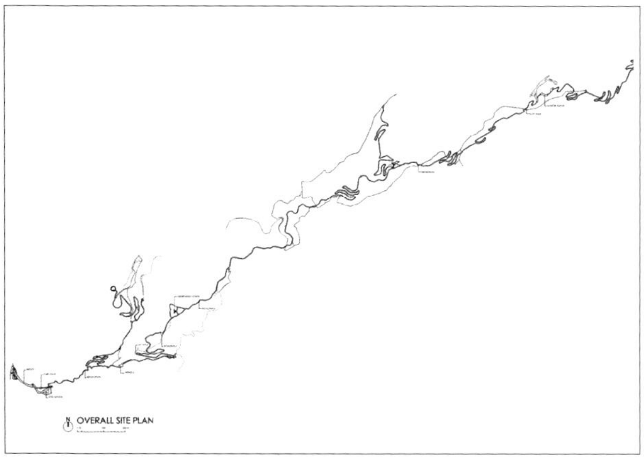

图 2　福道线路规划平面图

高线顺应地形地貌保护山地，又松弛有度符合传统审美的意向和韵律感。（2）步道柱点布设。“Y”形单柱基础占地仅1.5平方米左右，不开挖山体，不破坏地形，拉大柱距，进一步减少对场地的影响。（3）步道踏面形式。采用2.5厘米厚钢格栅形式，让步道下方的植被也能拥有阳光和雨露。（4）步道材料生态。福道架空步道采用全钢结构，未来钢材可回收率可达80%以上。（5）景观要素生态。通过

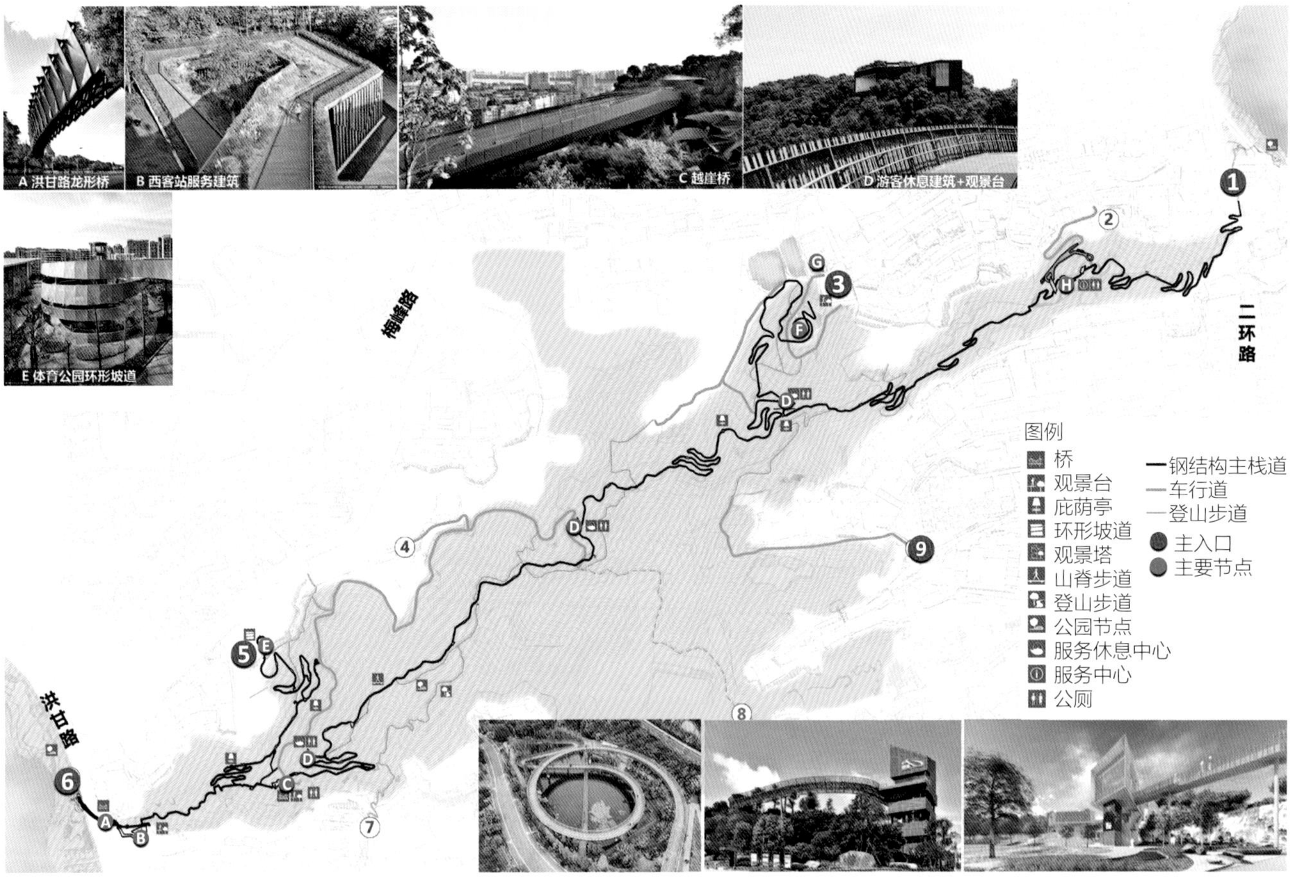

图3 福道主要景点分布

具有自净效果的核心湖体、生态草坡挡土墙、环湖湿地水杉林、自然式生态拦水坝、系统化的海绵设施、边坡挡墙复绿、丁石透水路面、渗透性碎石广场等要素系统性的组合，达到生态设计的目的。

2. 山地海绵设计

福道的核心入口梅峰山地公园于2015年年底完工，是国内首个完工的山地海绵项目。该节点不但满足游览休憩的功能，还能提升公园对雨洪的管控，减少过量山洪的不良影响。通过山地海绵系统的串联流程：山体过滤多塘→山脚的生态植草沟→大小雨水花园组合→环湖草坡→环湖湿地→5000平方米一级蓄水湖→2000平方米二级蓄水湖，尽可能把雨水滞留在园区中，使其沉淀泥沙、过滤杂质、净化有害物质，在洪峰过后再排入市政管道或就地蒸发、下渗、利用，将“渗、滞、蓄、净、用、排”与景观效果紧密地结合到了项目中。

梅峰山地公园汇水面积约8公顷，公园一大一小两个湖体共有7000平方米调蓄库容，折合降雨深度为122毫米（雨量径流系数取0.7）。设计改善了原场地水土流失和山洪涌入市区的问题，项目建成至今，经历了苏迪罗、鲇鱼

图4 梅峰山地公园建设前

图5 梅峰山地公园建设后

图6　森林步道第2标段平面图

等重大台风，下游区域没有发生洪涝灾害，实现了设计目标，改善了当地的生态环境。

3. 灵活游线设计

福道通过钢结构架空步道、车行道和登山步道的相互串联形成了立体的游线网络，不但利于疏散还可灵活控制游览时间，多数环线做到进出口为同一节点而不走回头路，极大地方便了游人。

根据普通人散步速度为45米/分钟，即2700米/小时计算，可将步道分为三个片区，每个片区服务半径为600米，相邻出入口距离可控制在30~60分钟行程内，三个片区以主线（轴）衔接，主线行程约2小时。

4. 舒适体验设计

（1）步道行走舒适。1：16的极缓坡度和富有弹性的钢格板铺面，减小了步行时膝盖的压力，使儿童、老人及需要辅助设备的人群都可以轻松地游赏福道。（2）无障碍全覆盖。福道基本实现了全线无障碍通行，通过主入口处无障碍支线步道进入主轴线，可无障碍游览所有重要节点和服务设施。（3）步道穿梭林荫。许多山地步道都有夏天缺少遮阴的问题，其中主要原因之一，是原生植被遭到破坏，新种植的植物冠幅短时间内难以形成林荫。福道注重

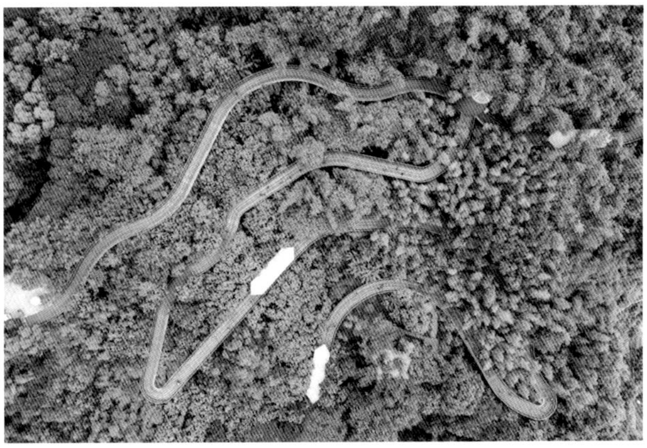

图7 掩映在森林中的步道（拍摄：陈鹤）

图8 蜿蜒曲折的步道

生态设计和精细建设，仅保留步道两侧的原生大树，甚至连与步道重合的树都必须保留从步道中穿出。步道边还保留下来有十几年历史的果园，成熟季节走在步道上就能摘到枇杷和龙眼。

5. 微创地标建筑

（1）微创性。福道的每一个构筑物都力求将对场地的影响降到最小，体量适度、因地就势、底部架空是实现山地微创建筑的主要策略。（2）地标性。由于金牛山地形复杂，地域面积大，自成一体，独具特色，建筑都形成地

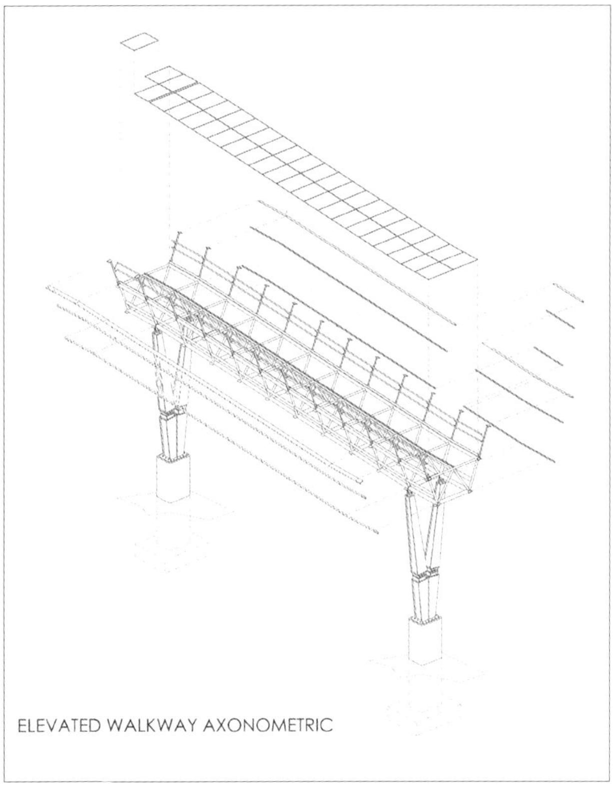

图9 栈道模块化施工工艺

标，以提升区域识别性。

6. 微创施工建设

（1）模块化设计。为克服因弧线造型而带来的设计、生产、施工中的困难，采用模块化设计策略，把复杂多变的栈道线形，归纳为12种基本模块灵活装配组合。不但使生产施工更有效率，现场也无需设置大面积作业区。（2）桥面滑轨吊机。基于模块化设计的基本思路，利用已成型的桥段作为构件运输平台，其上铺设横纵梁轨道，并采用自行式桥面吊机沿轨道开行完成吊装作业。再以行走小车作为构件运输设备，依次向前逐段安装。这种山地施工方式无需开挖大型施工便道，周边原生植被可最大限度保留。（3）特殊的骡马队。利用骡马队运送物资，这种看似过时的施工手段在福道的精细化施工中起到了巨大的作用。采用效率较低、人力成本高的骡马队，能更好地保护沿途植被和原始地形。

7. 绿道样式

福道的步道样式围绕生态设计展开。2.4米宽的步道加上两侧向外倾斜的栏杆，使步道体量既轻巧又满足使用需求。“Y”形单柱落地对山地几乎零破坏，施工后植被修复速度快、效果好。弧形线形更贴合场地，符合传统抽象

审美。模块化的组合形式既提高设计效率又有利于施工吊装和环境保护。全钢结构的材质大大提高了未来项目主材的可回收率，符合生态建设的需求。

8. 保护性绿化工程

金牛山的主要原生植物以相思树为主，兼有香樟、竹林和龙眼、枇杷，由于长期人为干扰，产生了许多“斑秃”。本案的绿化设计，以保护修复为主，即填补“斑秃”，恢复山体基本背景林。在出入口等节点，受人为破坏较严重，原生地被植物已缺失的地块，进行特色绿化补植。其中4号出入口的池杉湿地和6号出入口的杜鹃花谷等均呈现良好效果。最终实现了保护生态本底，突出特色亮点的总体绿化格局。

9. 夜景灯光

福道的夜景灯光以“与动物和谐共处”和“予游客舒适体验”为首要原则。主要光源的布设与架空步道的结构形式融为一体。线路覆设隐藏在桁架内和扶手下，光线通过钢格板和步道结构的偏转和反射变得更加柔和。较为克制的线形光源在满足游人使用的情况下，避免了过度光照对野生动物的影响。

四、工程施工情况

本项目为福州左海公园—金牛山城市森林步道及景观工程主线中的第2标段，该标段起点为K1+767.70，终点为左海公园，全长约4500米。第二标段是福道的重要节点和主要出入口之一，项目分为绿植建筑区和山地游览区两部分。工程内容包括：栈道工程、景观绿化工程、给水排水工程、电气工程等。

1. 栈道工程

福道由12种不同的基础模块组成，通过多变的排列方式形成具有适应不同地形能力的模块系统。福道是在空中穿行，为最大可能保护现状植被和地形，项目部发明了山地高架人行步道吊装方法、异型钢柱吊装装置等施工技术并应用到项目施工中。

2. 山地海锦工程

梅峰山地公园是福州市第一个山地类海绵公园，项目设计有生态树林、雨水花园、湖边湿地、旱溪等丰富的景观形式，收集到的雨水经层层截留过滤，最终汇入蓄水湖，湖中按比例投放适应性的水生动植物，建立可循环生态系统，经海绵净化后的湖水可再用于公园用水。

3. 创新和工艺

工程按照节约型、生态型、低维护型、功能完善型的园林景观建设的总体要求，面对复杂地形，严苛的生态保育要求，另辟新径，创新施工工艺，在极少破坏植被，开挖场地的情况下，完成了施工。异型钢柱吊装装置和山体景观湖进水处沉淀过滤装置等五项施工工艺已授权专利。创新工艺让项目得到了良好效益。

金牛山福道的建设，盘活了福州市区山地生态景观资源，使少人光顾的山林原野成为游人如织的网红景点，创新性理念、设计、施工方式让项目不仅具有高颜值，更具备较高的技术含量，为城市山地线性景观营建提供了优秀的实践样本。

（感谢 LOOK Architects为本文提供图片素材）

图 10　梅峰湖秋景

图 11　步道上眺望榕城

图 12　福道西端夜景

图 13 福道生态湖

图 14 穿越池杉林间的栈道

福州市金鸡山公园栈道景观二期工程

项目地点：
福州市晋安区

建设单位：
福州市晋安区园林局

设计单位：
福州市规划设计研究院

施工单位：
福建省榕圣市政工程股份有限公司

获奖情况：
2017年度福建省优秀工程勘察设计奖一等奖
2017年度全国优秀工程勘察设计奖三等奖
2017年度福建省“闽江杯”园林景观优质工程奖

一、项目概况

金鸡山公园栈道景观工程位于晋安区金鸡山公园内，建设范围达到110公顷，是福建省、福州市环境综合整治和城市景观建设重点工程，是以栈道建设为主，兼顾山地生态修复、公园活力提升、配套设施完善、山地公园景观整治的项目。

金鸡山栈道设计布局采取“三环、一轴、多节点”的方式，总共分三期进行。其中：一期建设投资约4000万元。主要包括实施公园南大门及入口广场改造、1960米环山路栈道及配套建设、山顶观景平台茶室等。二期工程投资约2.4亿元，包括建设2650米“揽城观景栈道”、山脊走廊及相关配套设施，新增4个公园入口广场建设，山脊休闲栈道建设等。三期工程包括1723米森林体验环山栈道建设及相关配套设施建设等。目前项目一期、二期栈道工程已完成，实际完成投资2.8亿元。

二、设计理念

架构“从城市中心走进自然森林”的生态休闲步道。

金鸡山是福州城市东区中部最重要的生态绿肺、自然地标。金鸡山环山栈道，兼具山地游览的舒适性、便捷性、休闲性、景观性和安全性，以步行休闲为目标，通过山地风格的栈道设施建设，形成环山、穿林、览城、观景的休闲养生观景通道。

三、景观特色

1.空间布局特色

根据山形地貌情况及设计高程栈道形成一轴、三环、多节点的栈道结构。一轴为山脊轴线；三环分别为森林体验环（长1723米，标高：65～85米）、览城观景环（长2650米，标高80～90米）和入口连接环（长1950米，标高20～90米）；多点为山脊线景观平台和休憩观景平台。

图 1 流淌的绿意

2.栈道设计特色

（1）环山路木栈道——具有环境低影响度建设的栈道

栈道结构梁嵌入原盘山公路，悬梁外挑3～4米铺设木板（技术创新），不仅保存沿线原行道树，同时在栈道建设过程中，对原生态环境的破坏降到极低。

（2）“揽城观景栈道”——结合山体生态修复的复合型栈道

所处山体多为30%～70%陡坡，存在废弃坛口、滑坡地段。栈道采用钢构高架设计，上下部的陡坡支护采用分层矮挡墙加固并覆土绿化，快速形成稳定的绿色生态基底。高架栈道标高控制在海拔80～90米之间，漫步其上，可欣赏山林景观，饱览城市风貌。4.5米净宽设计，可行可跑。栈道上布置观景休憩台、休闲驿站满足游客览城、观景、休闲、健身等多种需求。全线无障碍，设施智能化。

（3）具有山林防灾避险功能的栈道

栈道设计安全牢固，可通行管理车、消防车、急救车等，山地茉莉花茶主题馆负二层配备有消防水池，全线布设了消防管栓、应急广播等，金鸡山公园栈道同时也是森林消防通道与生命急救通道。

（4）文化融景，富有地域情怀的栈道

茉莉花瓣观景台、夜光塔、飞虹桥、茉莉花茶主题馆等构成独具特色的栈道人文景观带，并成为不同方位的山地景观地标，被赋予观景台、咖啡馆、福州小吃、文化讲坛等功能。

（5）适合观天象，看日出日落的栈道

多方位观景台适合观赏日出日落、晨光暮霭的气象景观和城市夜景。

（6）结合风景林改造，季相变化丰富的栈道

针对山体生态林树种较单一的现状，结合迁坟复绿、滑坡段支护复绿、坛口生态修复等，种植大量开花乔木、藤本植物，使森林色季相更。春夏栈道赏花成为游览亮点。

图 2 山与城

图 3 栈道景观

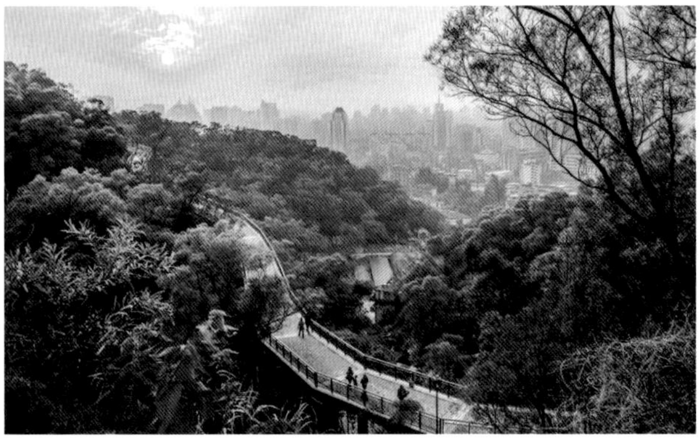

图 4 “揽城栈道”

图 5 依山而建的栈道，对生态最大限度保护

图 6 栈道观日

图 7 金鸡山夜间景观带（拍摄：包华）

（7）新工艺新材料，维护成本较低的栈道

栈道上铺设的黑刚玉地砖采用建筑拆迁的混凝土废料压制而成，不仅舒适环保，而且整体美观耐用，维护简单，可满足公园管理车通行。针对高湿的气候环境，率先采用防腐蚀、不褪色、低维护的铝合金栏杆，效果良好，得到广泛推广。

四、建设成效

自栈道景观建设后，金鸡山公园环境发生巨大变化，人文景点大幅增加，生态环境更加舒适优美。原本冷清的

图 8　虹桥落霞

图 9　叠石瀑布

图 10　飞虹桥近景

公园，现在成为福州市“十大人气公园”，获得社会各界一致好评。普通周末的游客人数都维持在万人以上。重要假期日均游客突破5万人。慕名来参观的外地游客也越来越多。

环山“揽城栈道”进行了夜游和无障碍设计，观光时节夜游游客激增。在叠石瀑布、飞虹桥、梅花坡、樱花坡、桃花坡等景点，赏花的游客更是络绎不绝。

公园提升改造伴随栈道建设，新增的森林舞台、金鸡山讲坛，吸引很多社团、单位、学校等前来预约场地举办活动。公园率先设置的自助图书馆、自助售卖机、wifi系统等智能设施都获得市民赞赏，公园智能化理念得到推广。

环东湖慢行道工程

项目地点：
宁德市环东湖沿线

建设单位：
宁德市市政建设管理中心

设计单位：
中交第二公路勘察设计研究院有限公司

施工单位：
福建江海苑园林工程有限公司

获奖情况：
2017年度福建省“闽江杯”园林景观优质工程奖

一、项目概况

环东湖慢行道工程位于福建省宁德市环东湖沿线，建设单位宁德市市政建设管理中心，建设用地面积为124596平方米，包含园林绿化、园林建筑、道路和水电工程等。环东湖名为湖，实为湾；湖水是上游雨污水与海水混合而成，含盐度高。环东湖慢行道沿东湖水域布设，包括南港、北港，横跨金马海堤闭合成环，并与兰溪公园、高架桥下绿道互通互联，全长14.5千米，其中环湖主道9632米，南港连线2712米，北港连线2265米。

环东湖慢行道（一期工程）项目起于迎宾馆以西，止于兰溪大桥，保湿地、保生态、保原野作为建设理念，融入文化体验、休闲运动空间。该项目一期全长3528米，新建栈桥1153米，新建园路1302米，利用原有园路1073米。桥面铺设塑木，新建路面以灰色、红色透水砖为主，配搭卵石，形成节奏变化。早晚鸥鹭与彩霞齐飞，夜晚流淌的灯光在水面上交相辉映，两岸南北公园里的人群歌舞升平，如今，环东湖慢行道景观工程，已成为宁德最为标志的新名片。

二、施工措施

本项目在施工过程中，克服湖水盐度高不易现浇施工、水上作业不易定位、台风侵袭（被洪水淹没）、施工期需同步开放等种种困难，创新性地采用预制栈桥桩水上打桩的新工艺，如期高质量完成施工任务，其中以平板浮船实施水上作业为福建首例。工程完工后受到市领导、业主方及市民的一致好评，并获宁德市住建局“重合同、守信用”的嘉奖。

图 1　湿地栈道景观

图 2　鸟瞰图

图 3　驳岸景观

图 4　三都澳荷塘

福州海峡奥林匹克体育中心景观、绿化及养护工程

项目地点：
福州市仓山区

建设单位：
福州市公共建设项目管理处
福州中建城市开发建设有限公司

设计单位：
福州市规划设计研究院
悉地（北京）国际建筑设计顾问有限公司

施工单位：
中建海峡建设发展有限公司（总承包）
福建汇景园林景观设计工程有限公司（专业分包）
福州市绿榕园林工程有限公司（专业分包）

获奖情况：
2014～2015年度中国建设工程鲁班奖
2016年度福建省“闽江杯”园林景观优质工程奖
2017年度福建省优秀工程勘察设计奖二等奖
2017年度全国优秀工程勘察设计奖三等奖

一、项目概况

福州海峡奥林匹克体育中心是第一届全国青年运动会的主赛场，位于福州市南台岛仓山组团中部。北临建新大道，南至东岭路，东起福湾路，西至奥体路，建筑占地面积73.3公顷，是特级特大型体育建筑。福州海峡奥林匹克体育中心项目由中建海峡建设发展有限公司投资建设，由体育场、体育馆、游泳馆、网球馆、商业中心及配套设施等单体项目组成。

二、项目规模

福州海峡奥林匹克体育中心景观施工总面积为14.7659万平方米，其中地上部分为13.1843万平方米，屋顶部分为1.5816万平方米。景观规划设计内容包括奥体片区内的硬质景观设计、绿化种植设计、停车场、水体、园林附属建筑、景观给排水和电气照明设计，还包括低冲击及海绵城市建设工程措施、景观河道及桥梁工程。

三、设计思路和理念

1. 海绵城市，绿色青运

为秉承绿色青运的主题，海峡奥林匹克中心区首次在福州采用了海绵城市与低影响开发模式，在传统的给排水工程基础上进行了生态措施革新和尝试，主要包括硬质广场、停车场和园路的雨水下渗和排放，原有自然洼地的保护和重生，设立下沉式雨水花园，雨水储用，商业中心屋顶绿化，河道驳岸的生态化处理等方面，提高对径流雨水的渗透、调蓄、净利用和排放能力。

2. 开阖有度，大绿大美

为衬托海峡奥体中心“一场三馆”总建筑面积达到21万平方米的恢宏气势，整体景观设计秉承“简洁、大气、时代感”的原则，最大限度地突出建筑主体形象，延续主场馆立面特征，形成通透开敞的前景。采取丰富浓荫背景等手法，以及多种尺度的传达体验形式，塑造开合有度，大绿大美的整体景观骨架。

图 1 实景鸟瞰图

图 2 效果图

图 3 生态湿地塘与场馆

图 4 场馆边的生态河道景观

图 5 生态河道景观

3. 整合有效，弹性充分

奥体中心的景观绿化涉及场馆建筑外围、室外专业场地、道路、河道、桥梁及其他设施，同时需要考虑赛时以及赛后使用诸多功能要求，因此，对区域功能叠加，场地灵活利用，设备融入景观，未来功能延展等提出较高要求，景观设计在满足现有需求的基础上，去冗存精，有效整合，强调使用的弹性和时效，做到“既简又美，多种可能”。

4. 绿色生态，乡土特色

奥体中心建设之初就提出了“奥体生态城”的总体规划理念，同时海峡奥体中心也是省二星级绿色建筑，因此在景观设计中最大限度地利用超过20公顷的绿地来打造奥体片区的中心“绿肺”。大量乡土树种的使用，品种多样性的选择，植物群落的营造等作为生态设计的重点，并根据时段需要加强花化彩化品种的点缀，通过植被来柔化庞大的建筑体量，满足人们生态保健、亲水游憩、健身观演等多种需求。

四、难点、重点及特点、亮点

1. 海绵城市与低影响开发技术的运用和尝试

主要包括三个方面：

（1）广场排水方案采用海绵措施和传统形式结合。由于奥体中心的广场规模较大，通过多边形排水分区组织—途经绿地消纳—外围雨水花园消纳—地埋式储水—末端经弃流后排入管网—河道方式来实现对径流的控制和削减，取得了良好效果。

（2）雨水储用的尝试。奥体中心室外设置三处（均靠近台屿河）一体化水处理调蓄系统，作为市政给水管网的补充，减少自来水的用量。采用地下封闭式不锈钢储水箱，设计储水量45升，初期雨水经处理后进入储水池提供景观补水和绿化浇灌。

（3）雨水花园、自然洼地的设计和保留。采用多种形式的下沉绿地形成雨水花园和洼地，结合适生乡土植物，使其能够充分发挥积存、渗透、净化和涵养雨水的作用。

2. 大面积屋顶绿化

商业配套中心屋面全面采用屋顶绿化，绿化面积逾2

图6 生态停车场

万平方米，克服承载力有限、阳光暴晒、台风侵袭，土壤贫瘠、养分流失导致苗木成活率低等困难。采用泥炭土改良、支架加固、品种选育等措施，营造出经济美观的屋顶花园景观，通过生态手段降低屋面温度，在青运会比赛期间受到比赛运动员的高度评价，也为市民营造了福州地区最大的屋面生态景观平台。

3. 河道全面采用生态砌块驳岸

奥体中心区域河道驳岸均采用生态砌块形式，一级驳岸的高程设计在常水位下10厘米，并根据调蓄水位的变化种植适宜的水生和湿生植物，以形成对水岸的隐藏和美化，并形成柔美蜿蜒的岸线。同时，对河道中间的一株百年古榕树采取就地保护、河道驳岸绕行的特殊处理方式，保护了场地记忆，成为奥体河道独特景观。

五、使用运行情况

海峡奥体中心在2015年顺利地召开了第一届全国青年运动会，获得了各界来宾的一致好评，并在近年来相继承办了多次高水平运动赛事及文体演出，成为福州市集管理办公、媒体中心、接待中心、商业及室外训练场等为一体的标志性城市开发空间。

图7 草坪及海绵湿地塘

厦门高崎机场南片区道路绿化提升工程（第一标段）

项目地点：
厦门市湖里区

建设单位：
厦门市湖里区市政园林局
厦门湖里建发城建集团有限公司

设计单位：
杭州园林设计院股份有限公司

施工单位：
厦门市颖艺景观工程有限公司

一、项目概况

本项目位于厦门高崎机场T3、T4航站楼前，共包括15条道路，总长度约9000米，总面积约78000万平方米，改造内容包括道路主要中分带和边侧绿化带，以及部分道路人行道改造提升。

二、设计思路

以“入画入梦入厦门，绿意花语迎贵宾”为设计理念，打造到达厦门的第一印象。

第一层次：体现厦门城市景观特色，在原有绿化的基础上进行提升改造，达到“海洋绿洲”的自然绿色基底。

第二层次：“百花迎贵宾，五彩圆梦路”，在第一层次基础上通过草本花卉、局部景观雕塑、自然造景等临时性措施营造热烈欢迎的氛围。

1. 改造重点

本次改造重点主要位于T4前的贵宾主要通道高崎南八路、T3转盘前的金尚路及小公园等主要节点设计。

其中高崎南八路主要通过更换现状长势不佳的行道树，以绿意盎然的秋枫和浓烈盛放的三角梅花打造热烈迎宾氛围。对下层绿篱进行更换，以花灌木的彩化处理提升景观效果。对中分带植物种类调整，通过凤凰木、蓝花楹、香樟打造逐渐升高、四季变换的三大植物组团。

2. 转盘设计

针对植物受灾情况严重，乔木稀疏的现状特征，以“盛世花篮”的设计立意，通过自然植物造景，重塑圆形转盘的地被花带形态，中间高，四周低，强化中心香樟主景组团的视觉焦点，用花灌木飘带镶边构建草坪、花灌木、小乔木、大乔木的多层次植物景观。在交通、视线汇集之处打造机场标志性绿地景观节点。

图 1　绿化组团环岛

图 2　中分绿化带

图 3　边侧绿化带

三、新工艺创新

本项目由于养护管理沿线长、范围广，届时采用自动时序控制灌溉系统，主要设备由美国进口。

目前国内的自动控制灌溉系统，基本上均为时序控制灌溉系统。智能灌溉系统，将与植物需水量相关的气象参量（温度、相对湿度、降雨量、辐射、风速等）通过单向传输的方式，自动将气象信息转化成数字信息传递给时序控制器。使用时只需将每个站点的信息（坡度、作物种类、土壤类型、喷头种类等）设定完毕，无需对控制器设定开启、运行、关闭时间，整个系统将根据当地的气象条件、土壤特性、作物类别等不同情况，实现自动化精确灌溉。

这种灌溉系统能够保障苔藓花卉的效果，土壤湿度方面都能达到要求。

四、施工管理和效果

本工程在施工过程中采用先进的施工技术装备，选择合理的施工工艺，突出工程的重点、难点和关键点，优化工程施工组织设计，努力提高专业化、标准化施工作业水平，实现快速施工的既定目标。同时做到保证重点、兼顾一般、统筹安排，科学合理地安排施工进度计划，组织连续均衡而又工艺连接紧凑的现场施工，确保每个工序验收合格之后再进入下一道工序。该工程受到业主的好评，也受到周围市民的赞赏。本工程已顺利验收，并投入使用且获得业主的一致好评。

2 居住环境

Living Environment

融侨悦城一期二区景观工程

漳州万科城项目 1 号地块一期景观工程

宁德市社会福利中心景观提升工程

恒禾七尚 2 号地块景观（除示范区外）工程

福州世茂鼓岭鹅鼻旅游度假区项目 0.6 样板房景观绿化工程

淮安 G5 地块景观绿化工程

海翼瑞都 · 山水御园二期景观工程

福州南屿滨江城（阳光城翡丽湾）7 号地块景观工程

福州奥体阳光花园一期（阳光城丽兹公馆）项目景观工程

融侨悦城一期二区景观工程

项目地点：
福州市晋安区

建设单位：
融侨集团福建恒成房地产发展有限公司

设计单位：
成都景虎景观设计有限责任公司

施工单位：
福建省长希园林建设工程有限公司

获奖情况：
2017年度福建省“闽江杯”园林景观优质工程奖

一、项目概况

融侨悦城一期二区景观工程位于福州市晋安区融侨悦城，东临鹤林生态公园，南临东二环泰禾广场。该工程园林景观总面积为2万平方米。工程内容包括景观结构及基层、车行道、人行道、路缘石、入户平台、园路、汀步、羽毛球场、成品线性排水沟、塑胶地面、宅间广场、入口广场、车库、围墙、栏杆、喷泉水钵、廊架、停车棚、儿童活动区、总体管网和绿化工程等。

二、项目定位

融侨悦城一期二区景观工程是福州市较具规模的地产景观项目，植物配置基本由大、中型植物，阴生植物组成，为周边居民创造了一个集休闲、交流、健身于一体的开放式平台，展现了福州的现代城市品位。

三、施工技术特点及工艺创新

本工程主要有以下五个特点：

1. 绿化设计布局，遵循了规划的总体原则，采用简洁大方、现代的手法，烘托美观、顺畅、大气的氛围，与鹤林生态公园的外环境相呼应，将融侨悦城的建筑群与软质景观有机结合，突出融侨悦城景观的文化性、景观性、地方性的特点。绿化设计基本以植物造景为主，充分考虑地域气候和地理条件，因地制宜科学选取苗木品种，通过合理的植物配置，构成一个和谐、稳定、健康的具有生态效益的植被系统，创造出健康生动的绿色生态景观。

2. 绿化施工时，对树木的选择非常严格。尤其是大苗，每一棵苗都是精挑细选，大苗在起植前，都经过监理工程师、业主代表和相关专家实地考察过，规格达标、树形美观的才能起植。为了保证树木之间的完美搭配，重要景点选好的苗木标上号码，以便在现场对号入座。树根的土球都是超规范加大，比常规的土球要大一至两成，以保证种植后生长效果。植物配置达到疏密有致、层次丰富、季相分明，使绿地既显自然、幽静，又具有浓浓的城市森

图 1　中心景观轴

图 2　休憩廊架

图 3　小区消防通道绿化景观设计

图 4　回家路径及绿化

林之气息。

3. 广场地面的施工采用瑞淇的排水组织和管道排水相结合的综合排水系统，确保该工程土壤透水、排水系统完善，绿化植物的生长良好。

4. 项目施工时为满足交房时间要求，工程中半数以上植物为反季节栽植，因此树木运输基本在夜间，并在树冠喷施蒸腾抑制剂，进行全遮盖，随到随栽。与此同时，视栽植树木的具体需要，栽植时土壤增施保湿剂和ABT-3快速生根粉，吊袋滴注营养剂，并搭设遮阴网。养护期间，采用对树木继续喷洒蒸腾抑制剂的手段，以此保证植物成活率。

5. 在造景上以生态优先为原则，施工过程中充分理解设计构思并与设计人员沟通进行再创作，进一步优化物种组合的生态效应、景观效应，与融侨悦城建筑物和谐统一，植物景观和休闲园路相结合，创造出现代、开放的生态效果。

本工程观感质量上佳，在分部分项的掇山、置石、理水工程中采用了新技术、新工艺，提高了城市品位，创造出一幅人文与科技相融洽的协调画面，为福州市的时代新风向奠定了良好的基础。

图 5 景观轴园路及绿化

图 6 儿童乐园

漳州万科城项目 1 号地块一期景观工程

项目地点：
漳州市芗城区

建设单位：
漳州市万科滨江置业有限公司

设计单位：
深圳市新西林园林景观有限公司

施工单位：
福建省春天生态科技股份有限公司

获奖情况：
2017年度福建省“闽江杯”园林景观优质工程奖

一、项目概况

漳州万科城位于漳州市芗城区，项目毗邻漳州中心城区的核心区，区位优越。本项目为漳州万科城配套工程之一，项目主要包括万科里、商墅、玖龙台展示中心、南面代建绿化带及周边的广场、硬景铺装、道路、水电、绿化种植，景观面积约21000平方米，投资1025万元。

二、工程质量控制

1. 质量依据与质量管理

施工过程中项目部严格执行创优方案并参照行业及甲方标准，如：《园林绿化工程施工及验收规范》CJJ/T 82-2012、《园林绿化施工规范》DB 4403001/T8-99、《园林绿化管养规范》DB 4403001/T6-99、《给水排水管道工程施工及验收规范》GB 50268-2008、《建筑工程施工质量评价标准》GB/T 50375-2016、《建筑电气工程施工质量验收规范》GB 50303-2015、《厦门万科园林标准做法》等。

由项目经理为首组建创优小组，针对本工程制定多项创优管理措施及方法。项目开工前组织各专业负责人进行图纸深度优化，经业主认可后实施，以达到降低成本及提升景观效果的目的，同时每月组织质量安全检查并落实创优方案的实施。

硬景工程推行样品报验、样板引路及“三检”等质量管理制度，景观铺装采用电脑排版、一日二检等创新质量管理模式，做到铺装工程零返工，既保证景观效果又节约材料成本。

软景工程施工前，组织各方进行苗木图片优选、现场看苗，选择优质苗木进场，通过苗木科学配置、精心种植养护，保证软景效果。

项目部在施工过程中，严格按照国家建设强制性标准、施工规范、设计图纸、创优方案及公司标准精心组织安排施工，按时完成施工合同约定及设计变更的工程范围的内容。

图 1 项目入口

2．景观硬景部分

在石材下料之前，先进行电脑排版，经过业主、设计负责人确认后方可对该区域石材下料以及进场施工。在前期工作中，项目部严格推行样品报验，厂家配合项目部送石材样品；施工图中涉及的所有不同类型的石材、灯具以及面层处理方式等每一种类型送3组，经业主确认样品后签字。在石材进场施工之前，跟班组交底具体铺装形式，实行质量“三检”等质量管理制度，铺装材料采用电脑排版定制、区域编号装箱、红外线精准加工等严格控制材料质量，材料铺装做到按号拼装、横竖有线、缝隙有卡、标高准确、线条优美，并制定施工分项进行样板段施工验收制度，样板段验收符合标准后才进入大面积施工。

特别是在玖龙台展示区节点景观建设中，全体施工人员秉承工匠精神，做到精益求精，景观工程的石材铺装做到了尺寸准确、边角整齐、拼接严密、接缝顺直，做工工艺十分考究，真正实现了园林景观工程的艺术性要求，让到此参观的客户流连忘返。

3．软景部分

项目启动前组织苗木市场考察及设计方案二次优化，优先选择成活率高、耐干旱、吸尘吸污、适应能力强及观赏效果好的乡土植物，积极倡导节约型、生态型、低维护型的苗木种植；同时苗木种植应充分利用已有的建筑、园路进行顺势造坡，借势造景。特别在南侧代建区软景施工中，充分利用原有的边坡进行微地形塑造，推行最大利用原有土地的原则，既避免大挖大填，又保持起伏自然地形，采用自然种植尽显郊野风格，与漳州江滨郊野公园完美融合。

施工中非常注重细节质量，采用生态的原木及钢丝相结合进行苗木支撑，既经济又美观；采用树皮及天然小石子进行乔木土球的生态美化，在保证苗木抗风性、排水性的同时也保证了视觉效果；苗木种植配置考虑植物的生长周期及各层次搭配，色彩丰富，形成较好的观赏效果；安排专业养护人员进行定期修剪、精心养护，保证绿地景观效果及苗木健康生长。

本工程在建设过程中秉着“源于自然而超于自然”的施工理念，在城市景观住宅园林生态化方面做了一些尝试，同时巧妙地将新工艺新思维结合到施工中。

图2 蕴含着丰富文化意味的水幕水帘

图3 返璞归真的中央景观亭

三、新工艺

1. 水幕（水幕自由下落文字图形的科技新景观）

样板房入口的动感水幕，是集合水景观欣赏性、展板宣传实用性、风水科学文化性、空气调节性于一体的高科技水景幕墙。不需要任何依附物的水景幕，通过水体自由下落浮现出“万科玖龙台”字样，视觉景观效果十分震撼。

水幕背景弥漫，扩散着人造雾气。水与气的结合产生出如梦如幻、远近虚实之感，宛如走进山林空谷自然之中，一个世外桃源的美景再现眼前。同时雾气可起到降温防尘杀菌之功效。光，透过薄薄水幕与雾气场景、七彩灯光变化万千。透过晶莹剔透的水体，再现七彩渐变灯光；以光衬托水、以水强调光，宛如海市蜃楼再现。以水幕、雾气为依托形成一个流动虚幻的投影屏幕，当投影与水幕本身落出的文字、图形、雾气、七彩灯光相结合时，它的实现效果超脱了水幕影像的虚幻，打破了以往投影幕的死板，将二者合一，尽显水、雾、光、影的现代高科技合成技术。

2. 木纹转印景观休闲廊架

木纹转印是将氟碳涂料木纹膜以水转印方式复制于钢材上的一种新型工艺。具有如下优点：

（1）外观精致，仿木效果逼真，不褪色，视觉效果好；

（2）具有防腐性、耐候性、耐磨性特点、涂层附着力和材质强度高，使用寿命长，免更换、免维护、一劳永逸；

（3）可随意组合，非专业人员使用组合配件也可进行安装；

（4）回收率高达40%，可循环利用符合国家推荐和提倡的标准。

“以钢代木”符合国家提倡的低碳、环保、生态政策，既缓解了日益紧缺的木材资源，也迎合了人们返璞归真、

图4 静谧舒适的休憩空间

回归自然的需求。

3. 经济型树池铁艺篦子

万科商业广场的树池采用铁艺树池篦子内铺天然小石子，优点如下：

（1）节省劳动力：铁艺树池篦子的安装使得灌溉更为方便，降低了灌溉时的劳动强度，也节省了水资源。

（2）安全性：扩大行走面积，防止不必要的地面浪费，与人行道平行，防止行人受伤，且在一定程度上避免了行人及车辆踏空的危险。

（3）防风固土：将它安装在树坑里可以有效抑制尘土的飞扬，下雨的时候有助于排水，防止水土流失，有利于树木的生长。

4. 低维护、经济型线性排水沟

线性排水沟与传统排水沟的本质区别：线性排水沟是高分子一体排水沟，环保、抗压、耐腐、安装方便；传统排水沟通俗讲就是砖砌排水，材料为水泥砂浆，工期长，污染严重，使用寿命短。

图5 植物组团

图7 趣味休闲坐凳

图6 生态绿化

线性排水沟的特点：

（1）渗透率为零，也不会出现局部积水现象，独特的“U”形设计其截面能够有效增大排水能力，增强自净功能。

（2）坚硬，抗冲击、抗压及抗弯强度大，抗化学腐蚀、抗生物腐蚀，耐高温、耐冻。

（3）使用寿命长，维护费用低，找坡简单，工地现场加工、安装方便。

（4）表面光滑，环保材料，维护保养方便，具有艺术品外观。

5. 生态型节约工程——原木坐凳

休闲坐凳采用就地挖起的原有枯木，锯成50～80厘米高的木段，摆成高低错落的坐凳供人们休息、孩童玩耍。既利用废弃材料从而降低工程造价，也迎合了人们回归自然生态的需求。

四、创新点

项目组在现场施工过程中不断总结施工与管理经验，解决各项施工难题，提炼研究，努力钻研，提升工程管理水平，提高施工技术能力，增强行业竞争力。拓展思维，大胆尝试，积极把各项专利运用于实际的现场施工中，科学合理降低项目建设投资成本。在本工程中用到的专利主要有：

1.《一种乔木枝干包裹装置》实用新型专利（专利号：ZL201520662973.1）。在项目实施过程中通过其简单的结构来代替传统的土球，实现裸根移植，在便捷取苗、运输、搬运和减低劳动强度和成本的前提下，提高乔木裸根移植的存活率。

2.《一种新型的便捷式苗木支撑装置》实用新型专利（专利号：ZL201420325385.4）。不仅能够快速、简易地对苗木进行支撑和方便拆除，还能够多次进行重复使用，降低成本。

宁德市社会福利中心景观提升工程

项目地点：
宁德市蕉城区漳湾镇

建设单位：
福建省金泰康乐养老服务有限公司

设计单位：
福州省建筑设计研究院

施工单位：
福建绿色生态发展股份有限公司

获奖情况：
2017年度福建省“闽江杯”园林景观优质工程奖

一、项目概况

宁德市社会福利中心项目位于福建省宁德市蕉城区福海路1号，面朝天然港湾三都澳，风景秀丽，距宁德高铁站约4公里。工程建设投资2.6亿元，配套工程投资1.1亿元，总投资3.7亿元，占地116.04亩，建筑用地面积约80250平方米，景观用地面积约320000平方米，设有老年公寓、旅居公寓、康复医疗、综合服务、休闲活动五大功能区。项目采用园林式建筑风格，清静典雅。户外设有观景台、榕树园、篮球场等，还配套了医务室、棋牌室、阅览室、健身房等，可实现医养结合、健养同步、娱学合一的服务模式，在宁德市养老机构中堪称一流。福利中心可满足1720人以上养老等服务需求，是宁德市首个集医护、疗养、娱乐和生活等功能于一体、环境优美、配套到位、功能齐全的大型医养结合的疗养机构。

景观工程主要包括：园林景观土建、入口岗亭、景观廊架、生态湖、车行道、园路、生态停车位、景观花池、绿化种植及地形塑造等；室外配套工程包括：园林给水、雨污水管网、窨井及室外排水系统等施工。

二、设计思路

园区总体景观结构为：一轴、一心、十景。

一轴：景观观赏轴。

一心：碧波观景中心湖区景观。

十景：中心花园、木樨园、柚香园、紫荆园、银杏园、黄槐园、芒果园、樱花园、玉兰园、古榕园。

入口广场：主要针对现有挡墙进行垂直绿化软化处理，在墙体上安装植物容器，种植黄金叶、沿阶草、常春藤等植物。同时在挡墙上部设置种植槽，种植垂挂植物三角梅。挡墙前的花池内种植竹类和桂花，起到弱化挡墙高度的作用。针对上层广场花池进行拓展，种植双排植物华棕，强调入口景观效果和轴线关系。

康体健身区：绿化以常绿树为主，在门球场、康体健身广场区域种植香樟、秋枫、桂花、红叶石楠等常绿树，

图 1 项目全景鸟瞰图

图 2 生态湖全景

图3 生态湖与传统景观廊架相映成趣

图4 生态湖与园路

图5 广场

夏日可以起到遮阴作用；结合香花植物，展现勃勃生机。

养生花园：园内四个庭园打造的主题分为黄槐园、银杏园、紫荆园、柚香园，在现有绿化条件上增加种植黄花槐、银杏、紫荆、香柚的数量，搭配种植毛杜鹃、红叶石楠、翠芦莉、金森女贞等灌木，展现四季观花观果的效果。

静心园：为安静休闲的区域，绿化以香花植物为主，主要种植四季桂、丹桂、含笑、山茶、玉兰、栀子等。在古榕广场区域，同时强调结合秋季的植物季相变化，种植枫香、银杏等色叶植物。

中心花园：作为中心景观区，绿化体现四季的季相变化景观，种植植物有福建山樱花、碧桃、红枫、梅花等观花观叶植物，以香樟、深山含笑、丹桂等常绿树为背景，同时提升绿量。湖边种植鸢尾、菖蒲、再力花等耐水湿植物，在软化硬质驳岸的同时又能起到净化水体的作用。

三、施工技术

项目施工建设着眼于质量总体把控，在建设节约型、生态型、低维护型的景观建设要求基础上，结合施工图纸，组织专家论证，积极推广使用新技术、新材料、新工

图 6 林荫湖滨道

图 7 楼间绿化景观

图 8 生态绿化群落

艺，在施工过程中，项目组克服复杂地形变化，在施工前组织施工技术人员认真熟悉施工图纸，会同有关单位进行图纸会审，编制施工组织设计，并对各施工班组进行安全和施工技术交底，保证了建设过程未发生任何质量安全事故，符合《园林绿化工程施工及验收规范》CJJ/T 82-2012，达到合格标准。

本工程成立了严格的工程质量管理小组，使每一道施工程序在控制范围内达到合格工程，确保工程分部分项均达到合格等级。在施工过程中采取了各种安全措施，定期和不定期检查施工现场中的各种安全问题，对存在的施工安全隐患及时整改，落实各项安全管理制度，做好施工现场安全生产工作，保障作业现场文明整洁。

在绿化施工方面，树立节约材料、节约土地、节约水源以及节约能源的目标，重视园林景观的适应性，符合当地植物种植的环境，保证与周围环境相适应，满足园林工程施工的标准和要求。经过一年多的养护和植物的自然生长，该区域的绿化已形成“林荫成片、叶美花娇、色彩斑斓、绿草依依”的环境效果。一年两季的蓝花楹，绽放在浓绿的朴树和盆架中；色彩分明的黄金榕、红叶石楠，整齐有序地点缀在绿色地毯上；偶有翠芦莉衬托着一方美丽；恰巧遇见的满天星、青叶扶桑，给人以惊喜，令人心旷神怡。

能够参与宁德市社会福利中心景观提升工程的绿化景观建设是我们的荣幸，也是我们的骄傲。作为海西建设的“排头兵”，“生态美、环境优”的宁德建设离不开我们园林人的参与，有您，有他/她，还有我们为海绵城市建设贡献力量的园林人。

恒禾七尚 2 号地块景观（除示范区外）工程

项目地点：
厦门市湖里区

建设单位：
恒禾置地（集团）股份有限公司

设计单位：
棕榈园林股份有限公司

施工单位：
厦门宏旭达园林环境有限公司

获奖情况：
2016年度福建省“闽江杯”园林景观优质工程奖

一、项目基本情况

恒禾七尚2号地块景观（除示范区外）工程位于厦门市湖里区五缘湾片区内湖东岸，由恒禾置地（集团）股份有限公司邀请17位国际顶级大师团队倾力打造，项目用地总面积23693平方米，其中绿化面积约19000平方米，项目总投资造价2959.71万元，为中国首个入选“亚洲十大超级豪宅”的高端住宅项目。

二、设计理念

该项目设计主体建筑大胆地采用海浪飘带设计风格，园林景观定位高，把南美滨海自由风情园林元素与厦门海洋元素融合在一起，大面积的露天空间、无边际水池、地板铺面、种植和绿化墙，纯实木休憩空间，形成一个有机的视觉整体。

根据地势落差设计了高、中、低三个景观层次的立体化园林景观效果；在景观植被的选择上，有鸡蛋花、大腹木棉、加拿利海枣等树种，而环境景观选材上也充分考虑品种、颜色、形态和建筑的合理搭配以及地域性特征，打造出恒禾七尚“一园有四季”的独特园林风景。

三、施工技术及创新

为满足设计要求，施工过程中能严格按照国家建设强制性标准及施工规范要求、设计图纸要求精心组织安排施工。从原材料进场、抽样送检、工序交接、隐蔽验收、工程试验到工序质量评定，均遵照规定进行，达到设计及施工规范要求。

1. 施工过程中科学安排，有效进行工期管控

根据项目目标工期，结合本项目的施工内容及施工特点，制定了科学合理的施工计划。将施工计划上报建设单位及监理单位，下发至项目部各管理人员及施工班组，保证施工计划全员知晓，构建了管理单位协助监督、项目人员全力执行的管理网络。

图 1 绿影风趣

图 2 碧波棕影

图 3 休闲时光

图 4　休憩区景观

图 5　韵律亭廊

图 6 休闲平台

2. 精细化施工，细节无处不在

（1）由于45° 角拼接易损坏，影响整体效果，故所有的立面转角石材全部采用整石加工，避免了石材拼缝不均。

（2）项目中所有花池、树池的石材压顶均定制加工，以保证完成面的平顺，并在石材阳角处统一倒边，宽度为2毫米，避免行人无意中磕碰造成伤害。

（3）预防泛碱，严把工序关。在施工中，我们从源头开始，通过选用多项专用新材料，严格把控好各道工序的施工质量，基本防止了泛碱现象，项目结束后整体效果得到业主认可。

（4）乔木树穴换填：为改良乔木根部透气透水性，树穴底部先铺设10厘米厚的陶粒拌河沙垫层作为透水层，上铺无纺布后回填20厘米种植土，再放入土球，土球周边放置PZWS乔木根部灌水器，再回填种植土。种植土按土：河沙：草炭土=2：1：1进行配置，改良原土的透气透水性，有效促进新根生长。

3. 苗木支撑新工艺

（1）本工程采用施工单位自行设计开发的钢结构支撑，替代以往的杉木支撑系统。

（2）大乔木支撑均采用四根40毫米×100毫米×3毫米厚方钢管为支撑主骨架，底部用5号角钢打入土层深度1.2~1.5米，与支撑主骨架焊接固定。根据乔木树干大小，定制可调节的圆形钢箍，于顶部同主骨架拼接固定。圆箍约大于树干3~5厘米，避免树干与圆箍直接接触，造成乔木损伤。圆箍可调节大小，也为树木后期生长预留空间。

图 7 静瑟步道

（3）支撑系统饰面全部喷涂深灰色氟碳漆，弱化了钢结构的硬性，视觉上易与苗木融为一体。该项支撑系统支撑牢固、经久耐用，既不会伤害树身，又达到了整齐美观的效果。

福州世茂鼓岭鹅鼻旅游度假区项目 0.6 样板房景观绿化工程

项目地点：
福州世茂鼓岭鹅鼻旅游度假区

建设单位：
福州世茂新领域置业有限公司

设计单位：
上海广亩景观设计有限公司

施工单位：
福建省雅林园林景观工程有限公司

获奖情况：
2017年度福建省“闽江杯”园林景观优质工程奖

一、项目背景

作为中国历史文化名城，福州山清水秀、人文荟萃、三山一水、三坊七巷、人文隐士闻名遐迩。“鼓岭”作为福州的后花园，是市区著名的避暑胜地，平均海拔750～800米，最高海拔998米，为福州的第一道屏障，清风、薄雾、细雨时有。阴天时，浓雾不散，自远而近白茫茫一片；山峰、大树、树屋、行人在浓雾中若隐若现，云雾缭绕宛如仙境；晴天时，阳光洒落在云雾上，镶了金边的云雾，万道金光穿透下来，瑰丽壮观。而鼓岭的水，则甘洌清甜，滋养着鼓山上的一草一木。

二、项目概况

福州世茂鼓岭鹅鼻旅游度假区项目0.6样板房景观绿化工程项目，位于福州市鼓岭，属于城市房地产配套绿化工程项目，面积约13000平方米，施工内容主要为：景观瞭望亭、竹林栈道、门楼牌坊、假山、跌水、景观台阶、景墙、水景等。

三、设计理念

该项目秉承“传承与再造”的核心理念，打破时空、地域、国界的界线，对盛世下的经典建筑、文化内涵进行提取、再造、融合，营造出贯通盛世文化精髓与当代审美趣味的意境人居“雅宅”，形成一股世茂“国风”系列。

四、施工技术特色

1. 山地景观，依山而建，郁郁葱葱，藏于竹林中

该项目属于山地景观，我们领会设计师意图，在保持原有地形的前提下，找到自然与人工的平衡，保持原有生态系统。同时，利用原生竹子、竹林的种植，打造出极其葱绿、美观的效果。其余设施依山而建，为了不破坏竹林，将整个栈道抬升至空中，让竹子从栈道中生“长”。

2. 鼓岭“国风”，现代“雅宅”

施工中，工程师们强调通过领会现代人居生活方式，

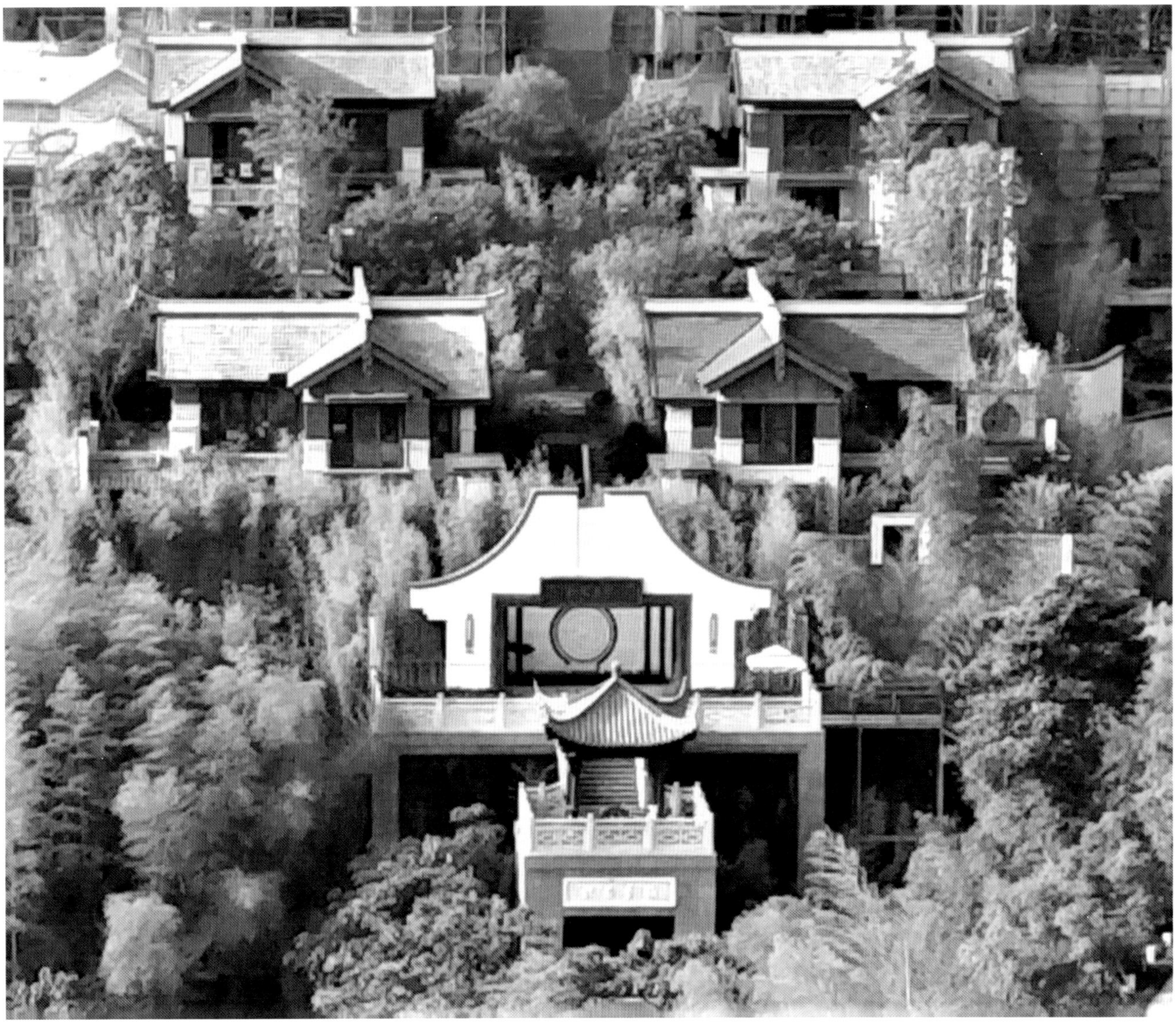

图 1 鸟瞰图

图 2 国风景观建筑

图 3 绿化组团

图 4　宅内景观

图 5　宅内休憩小品

将文化配套植入社区和日常生活，融合传统建筑氛围与现代人居需求，最终实现“室内空间舒适、社区空间丰盛”的雅居需求。

一宅之内，是金、木、石的精巧与和谐；

一宅之外，是天、地、山的广阔与灵性。

自然与工匠融合，传统与现代共生，竹径通幽，云栖深处，瞬间升华了“天人合一”的境界，让匆忙的都市人归于沉静，自然、建筑、人心互为辉映，实为现代“雅宅”。

3. 融入中式国风元素，深刻领会古建精髓，对中国古代盛世经典建筑、文化内涵进行“提取”与“再造”

该项目将皇家门头置入闽派建筑中来，把闽派建筑的窗户层次、镂空情调体现了出来，同时适合的门头，又可以将仪式感、尊重感适度放大。门庭、门钹、门匾、厅堂、天井都被一一提取和再设计，成为独一无二的标志。

在闽派建筑之外，又将朱户、金属门钹、镏金门匾、影壁、地雕等元素一一设置，保留了古代权贵象征的朱红铜门的完整格式，将中国传统文化原汁原味地导入，形成一股独特的“国风”。

图 6 宅外景观

图 7 竹林与卧佛

图 8 竹林小憩平台

4. 植物种植方面

在庭院植物施工运用上，尽量使用本地的易生长并且也容易营造出本土风情的植物为主，乔木、灌木及地被穿插其中合理搭配，不同层次的绿意以乱而有序的方式彰显着自然界丰富的色彩符号，使庭院散发着生机勃勃的乡土气息。

选用和设计思想吻合的竹子作为主要植物，一方面它是常绿的，另一方面竹子抗冻且好打理。竹子种在庭院角落，与“卧佛”石雕形成良好的视觉感受。角落里种植落叶乔木，既可以遮阴又可以弱化墙角的不足。挡墙也种植时令花卉和爬山虎等爬山类攀缘植物，弱化苍白生硬感。另外，在特殊部位适当点缀特殊绿植，起到“画龙点睛”作用。

五、总结

本项目属于世茂国风系列，不是中式材料的简单堆砌，而是体恤人居的每一处生活细节：让建筑有了与人对话的生命力，更饱含温暖。一则关注极致细节，一砖一瓦的雕刻，一草一木的移植都需要专注、细心和对完美的追求。二则国风对美学，对场景，对情景，对山水意境的偏执。产品打造中，匠人不仅要有对精工巧技上的锱铢必较，更应保有“热爱自然，感恩自然，尊重自然”的情愫。

淮安 G5 地块景观绿化工程

项目地点：
福州市仓山区

建设单位：
融侨（福州）置业有限公司

设计单位：
福建圣兰乔景观工程设计有限公司

施工单位：
福建印象生态发展有限责任公司

获奖情况：
2017年度福建省“闽江杯”园林景观优质工程奖

一、项目概况

淮安G5地块景观绿化工程位于福州市仓山区淮安片区，总用地面积53315平方米，园林景观工程面积34581平方米，项目于2015年5月开工，竣工于2016年2月26日。

二、工程施工创新点

项目采取组织管理措施、资源保证措施、技术措施和质量保证措施，通过落实工期目标责任制，对工期网络和资源优化进行动态管理，使节点工期得到有效的控制，从而确保关键工序和总工期的实现，并采用先进成熟的施工工艺，及新材料、新设备、新技术的应用以加快施工进度。

1. 生态景观湖营造

该项目的最大特点是合理利用水景进行住宅区园林景观设计。水景不仅为住宅区的园林景观增添了一道亮丽的风景线，更给人们一种走进大自然的感觉，只有合理的设计，才能做到与建筑相协调，凸显出住宅景观生动、贴近大自然的特性，给人们营造一个健康、舒适、美观，与大自然和睦相处的生活空间。

水景施工需要形成系统的工作体系，不断提高施工工艺、技术的科学性。本工程在施工中应用了大面积人工湖结构施工工艺、湖水生态净化系统、驳岸自然置石艺术等施工工艺创新。

2. 生态绿化创新

将水体引入中庭景观，动静相宜，具有较高的观赏性。周边绿化配植则更多强调乡土植物及水岸植物的应用，优先选择乡土树种，构建地方优势植物群落。乡土树种成本低，对环境土壤适应能力强，病虫害少，具有可靠的生态安全性，而且节约水资源，从而减少灌溉、施肥等养护成本。水岸植物结合滨水景观空间营造社区的亲水环境，在人工湖水体置石边种植水生植物，无论从美学上还

图 1　人工湖及周边绿化

图 2　滨水景观

是生态学上，都与水体相得益彰，也提高了整个住宅区园林景观的整体和谐性。通过现场施工对绿化二次优化设计，本项目除了在视觉聚焦处配植层次、色彩较为丰富的植物外，其他大面积绿地均采用疏林草地的做法，大面积草坪的应用，较大地增加了社区居民的活动空间，大大降低了工程造价。

图 3　休闲园路及活动草坪空间

海翼瑞都·山水御园二期景观工程

项目地点：
三明市新市南路

建设单位：
海翼瑞都（福建）房地产开发有限公司

设计单位：
福建清华建筑设计院有限公司

施工单位：
福建省三明市宏景园林工程有限公司

获奖情况：
2017年度福建省“闽江杯”园林景观优质工程奖

一、工程概况

海翼瑞都·山水御园二期景观工程位于福建省三明市新市南路206号三真地块。工程涉及小区周边的绿化种植养护、亭、廊、休憩屋、园路、小型铺装广场、园林小品等。总用地规模为22227平方米，园林绿化面积约为18351平方米。

二、设计理念

海翼瑞都·山水御园二期景观设计以“绿色健康的温馨家园”为主题，以现代人居环境的功能要求与自然生态环境和谐为目标，应用简洁大方的人工造景与建筑风格、自然资源相结合的设计理念，充分利用小区自然的山坡地形地貌，发挥其天然的优势，因地制宜地进行规划布局，满足人们休憩、交流、活动的功能需要，为小区营造一个人与自然和谐共处的生态型园林景观环境。

小区前后地势高差较大，为了满足通行需要，在小区中央架设（连心桥）栈桥，寓意“和谐共处”，闲暇时漫步桥上，两侧景观尽收眼底，美不胜收。

运用景观生态理论和生物多样性原则，在植物配置中以常绿树为主，遵循“三季有花，四季常绿”的植物配置原则，营造一个“春则繁花叶艳、夏则绿荫清香、秋则霜叶似火、冬则翠绿常延”的景象，使之与居民春夏秋冬的生活规律同步。多层次的生态植物景观，不仅丰富了人们的视觉空间，净化了住区空气，还为居民健康、幸福、休闲的公园式生活奠定了基础，满足居民的室外休憩和观赏需求。

设计上将山泉水引入小区，结合现代造景艺术，让水体在小区内融会贯通；水体景观与休憩亭的设计满足了人们亲近自然、融入自然的追求，栈桥、水幕墙的“亲水空间”的设计增加了人们与水接触的机会，提供了居民们听水、观水、戏水的场所。同时还注重园林小品和广场铺装上的色彩搭配，园林小品、铺装等以红、黄为主色调，辅以黑、灰线条加以点缀，彰显喜庆和谐的环境氛围。

图 1　小区入口台地景观

图 2　水景

图 4　植物景观

图 3　曲桥

图 5　休憩亭

福州南屿滨江城（阳光城翡丽湾）7号地块景观工程

项目地点：
福州市闽侯县南屿镇

建设单位：
永泰友信房地产开发有限公司

设计单位：
ACLA傲林国际（香港）景观设计公司

施工单位：
福建省兰竹生态景观工程有限公司

获奖情况：
2017年度福建省“闽江杯”园林景观优质工程奖

一、项目区位

项目位于福州市闽侯县南屿镇，所在区域为福州海西高新技术园区区域。

二、项目基本情况

项目产品市场定位为刚需及首改产品，产品包括高层住宅及低密度的别墅。

高层建筑产品采用Art deco现代建筑风格，建筑立面简洁、现代，结合东南亚建筑元素，形成风情化建筑单体。

别墅产品采用东南亚休闲情境的建筑风格。

三、景观设计概念

迎合项目产品定位，营造悠闲的环境和高雅的现代人居生活，远离市区的喧嚣，在静谧的森林里享受碧绿的生态环境与祥和的人居环境。

四、工程内容

本工程为项目7号地块内景观工程，包括项目范围内的地面铺装、木平台、景墙、泳池、特色围墙、别墅围墙；人工湖及围绕小区的生态水景、景观雨污管网、景观水电；绿化种植等。

五、构思、亮点、创新点

1. 建设之初秉持着高起点设计、高质量施工、高品质交付的目标，以各种动、静的水景为媒介，形成一系列的功能性景观空间，并由艺术家对现场置石进行指导，以确保设计要求的自然溪流效果。

2. 整体景观构成独具韵味，园林景观自然亲近，比例标准亲切宜人，处处体现出造园者对人性的尊敬。施工中对主材进行确认，施工工艺严格，层层把关，体现了东南亚风情的园林风格。

图 1　生态水景

图 2　设计效果图 1

图 3　设计效果图 2

图 4　别墅区植物景观

图 5　群落绿化

3. 植物种植方面，充分考虑植物应用的多样性，展现了色彩明快、层次丰富的景观效果及植物群落。施工中进行了严格放样，将设计图纸中各种树木的位置布局反映到实际场地，确保苗木布置符合实际要求。施工苗木采用袋装苗，乔木和灌木用草绳和小袋包装，树枝和树叶被适当修剪，以防止水分过度蒸发，影响成活率。

福州奥体阳光花园一期（阳光城丽兹公馆）项目景观工程

项目地点：
福州市仓山区

建设单位：
福建臻阳房地产开发有限公司

设计单位：
深圳市奥德景观规划设计有限公司

施工单位：
福建省森泰然景观工程有限公司

获奖情况：
2016年度福建省“闽江杯”园林景观优质工程奖

一、项目背景

为迎接2015年全国首届青运会的到来，福州市政府斥资打造全省最大的体育中心——海峡奥体中心，面积达1100亩（1亩约合0.067公顷）。阳光城丽兹公馆作为首届青运会配套资源，占据奥体板块核心位置，是全国首届青运会唯一指定青运村，在青运会期间作为参赛运动员住所，赛事结束后产品将对市场推出。

二、项目概况

整体风格：奥体阳光花园项目建筑设计整体体现欧式新古典主义的设计风格，规划布局方正，整体立面简洁，风格符号清晰。

设计布局：

1. 小区规划设计体现“一环两轴三组团”的格局。一环：园区林荫大道环路；两轴：两入口中央景观带横轴和纵轴；三大组团：中央组团景观、周边组团景观、运动组团景观。

2. 中央景观带（两轴景观）：以水为魂，融热情、浪漫的欧式小品于环境中，让体验者深深陶醉在景观空间的浪漫氛围中。

3. 林荫大道及组团景观：以地形为骨，以植物造景为主，虚实结合，开合有度。漫步回家路上，穿行林间，感受满目斑驳；停留在时隐时现的欧式廊亭中，享受那山丘的静谧和大草坪的自然气息。不同行径空间带给人们不同的景观感受。

三、采用新技术、新工艺、新材料情况

1. 项目草坪均引种了本地首次使用的夏威夷草，利用其色泽亮丽、坪质细腻、分蘖密度高、生长旺盛的特质，营造了良好的绿化景观效果，且该品种具有较强的抗逆性和广泛的适应性，具有极强的耐践踏性，受损后恢复极快，存活后养护要求不高，从业主的角度考虑，降低了养护成本。

图 1 中央景观鸟瞰图

图 2 欧式廊亭

图 3 开放式休闲广场

2. 项目对接国家海锦城市设计要求，应用海锦生态社区设计理念。项目设置有雨水回收系统，通过收集屋顶雨水用于社区绿化养护，响应了国家的节能减排、绿色环保的理念，在保证景观效果的同时降低了养护成本，创造良好的社会价值。

3. 项目现场人工跑道采用橡胶现浇技术，平整度高，弹性好，且保证了跑步的舒适度。

4. 项目为减轻地下室顶板的荷载，在堆坡高度大于1米的范围内引进轻质的陶粒做底层填充，利用该材质自重轻且有吸水、保水能力的特点，减少基础荷载，既保证了堆坡造型的景观效果，又不影响地下室结构安全。

图 4 绿化组团

3 城郊山水

Suburban Landscape

漳州郊野公园概念规划

项目地点：
漳州市中心城区

建设单位：
漳州市城乡规划局

设计单位：
天津市城市规划设计研究院愿景公司
漳州市城市规划设计研究院
中国城市建设研究院有限公司

施工单位：
福建大农景观建设有限公司

获奖情况：
2013年度省级优秀规划设计奖（风景园林类）一等奖

一、规划背景

漳州位于福建省东南部，为全省经济排名第四的重要城市，与厦门、泉州并称为“闽南金三角”。漳州的自然禀赋优异，母亲河九龙江穿城而过，两岸分布圆山、云洞岩、红树林等壮美的自然景观，以及万亩荔枝海、水仙田等震撼的农业景观。

如何把握城市发展与农业延续、自然生长的良性平衡，是漳州发展亟待解决的难题，若建设方式不当，漳州的“美丽印象”将遭到破坏甚至消失。为此，漳州于2011年启动全城化郊野公园体系规划，建设“田园都市、生态之城”，在“厦漳泉同城都市圈”中实现差异化定位。

二、规划构思

规划构思缘起于漳州母亲河九龙江景观改造。为避免其被过度“人工化”，规划借鉴了德国慕尼黑伊萨尔河“生态化”改造的经验。梳理九龙江沿岸自然景观，将其保留并提升为“城市中的郊野公园”——让城市中心都能感受到近乎原生的自然状态与郊野趣味，继而奠定了城市生态发展的基调，将“郊野公园系统”贯穿到全城发展战略之中。

三、规划内容

漳州郊野公园是以九龙江为依托，以山、水、林景观为特色，具有自然野趣风貌的生态型、游憩型绿地公园。规划范围东起厦漳交界处，西至天宝镇，包括九龙江西溪、北溪两岸与漳州市中心城区发展紧密关联的郊野田园绿地。总面积约100平方公里，共分为22个各具特色的板块，形成“一环、两带、七主题”的郊野公园总体结构。

规划选取与中心城区紧密相关的九龙江西溪亲水公园作为示范段进行详细景观设计，将规划原则落到实处。

图 1 规划结构

四、规划特色

特色1：梳理生态资源，绿色提升城市结构

（1）梳理现状大型景观“斑块”，打通“廊道”，串联小型斑块，保护动植物生境，形成具有漳州特色的“翡翠项链”。

郊野公园系统，既界定了城市的边界，有效控制了城市蔓延；又营造出“都市中的郊野”，保留城市中心广大的自然地带，使其成为城市最大的生态基础设施核心。

有机疏散让城市组团化发展，增加城市生态接触面，在市中心，市民只需步行二十分钟，就能远离城市喧嚣，感受生态野趣。

用开放空间整合全城的物质与非物质资源，带动城市布局结构调整，以及城市生态系统、绿地系统、人文系统、旅游系统的全面提升。

（2）根据现状不同类型景观特质划分为水岸公园、水廊公园、山林公园、林带公园、农林公园、岛屿公园、湿地保护区公园，制定相应类型的景观营造策略，保护并展现当地的景观多样性。

如：水岸公园结合防洪与水系治理工程，将拥有丰富自然景观的河滩地，转变成受市民欢迎的亲水生态公园。山林公园保留现状林木资源，充实色叶树种，开辟步行路径，为登山远足提供场所。湿地保护区公园通过划定不同的保护圈层，强调生物多样性的维护。

特色2：延续农耕文明，妥善处理城乡发展

转变城乡发展方式，避免城市发展对乡村的侵占，引导乡土资源主动融入城市，体现漳州“田园都市”的特色。

（1）保留村庄，改善基础设施，提升景观环境，引入文化艺术活动，改造成为乡村旅游项目。

（2）保护水仙花、荔枝海、香蕉林等特色农田，延续生产，并增加体验、科研功能。

（3）保障农民利益，维持基本生活方式不变，农民转市民，成为公园工作人员，一部分继续生产，一部分提供旅游服务。

特色3：建立慢行网络，提供惠民利民的设施体系

（1）全城化郊野公园的建设，增加人均公共绿地面积15.9平方米，显著提升了城市生态环境水平。同时，构建了全城化的慢行网络，为城市新增自行车道150公里，慢行步道240公里，相当于6个马拉松赛程。

（2）郊野公园还将文化、体育、旅游、休闲等公共设施引入其中，构建全城化的绿色公共服务体系，每日休闲锻炼的市民已达上万人次，并举办“文化艺术节”“龙舟赛”“马拉松邀请赛”等文体活动，丰富了市民生活。

特色4：弱化人为干预，质朴内敛的设计手法

弱化设计师的人为干预，轻描淡写，素面朝天，藏笔

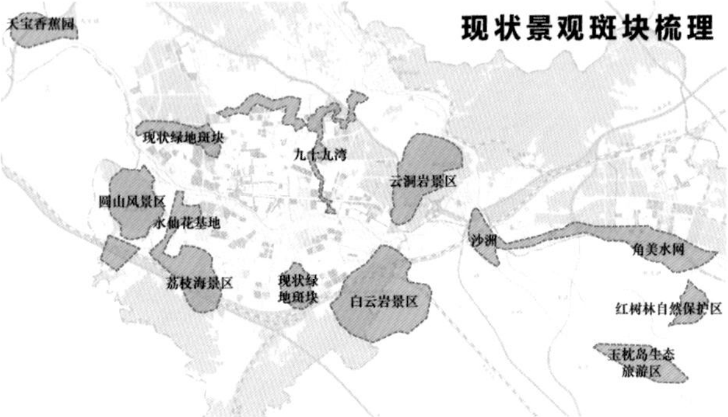

图 2　现状景观斑块梳理

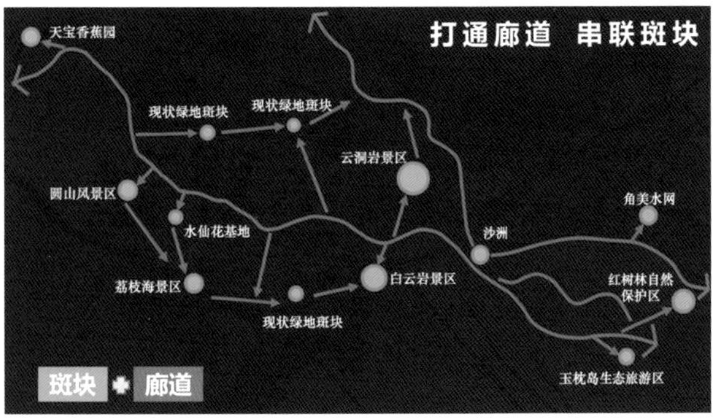

图 3　廊道串联

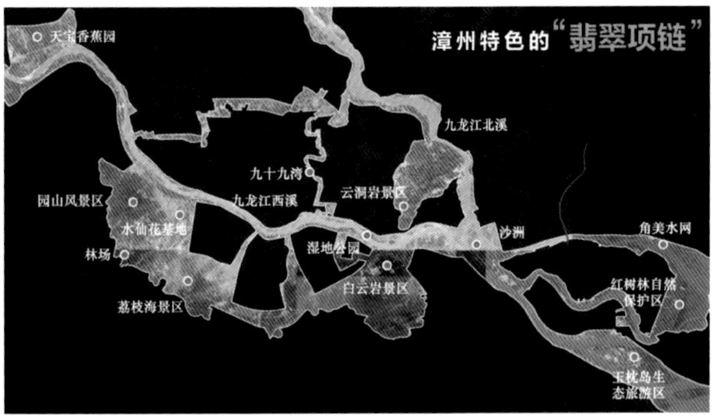

图 4　“翡翠项链”

触于自然之中。

（1）在地规划，整理并标记现状树木资源，现场设计，施工过程根据实际情况适时调整方案，基本做到“不砍伐一棵树木”，最大化保护和利用现状自然资源。保留并梳理原有水系分支，清淤疏通，串联水脉，增加水系界面，丰富景观层次，同时缓解内涝。

（2）选用乡土植物，丰富植物群落，考虑四季景观，植栽方式自然化，疏密有致。道路与场地大量使用乡土材

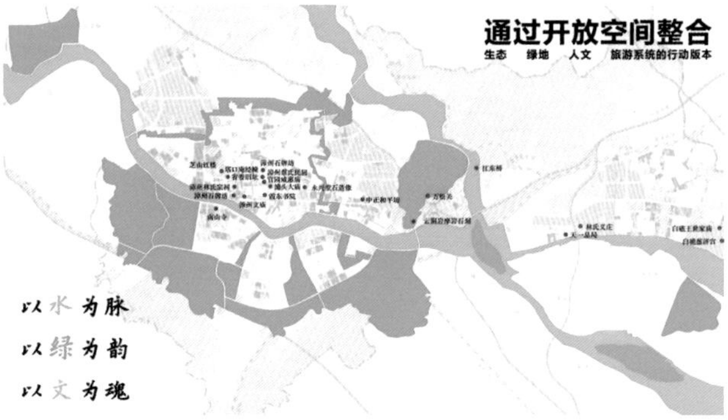

图 5　空间整合

图 6　慢行系统

料与当地施工工艺，还原了宁静质朴的乡野氛围，使公园更加富有野趣、乡土气息。

依据现有地形特点，利用清淤及池塘改造工程获得的土方塑造地形，实现土方内部平衡，顺其自然的营造景观。示范段的建设每平方米造价仅为110元，不到当地平均造价的三分之一。同时，尊重自然的更替过程，大大降低公园维护成本。

五、实施情况

规划于2012年5月批复实施，在全市建立了全城统筹、全局规划、试点先行、分步实施的漳州郊野公园建设模式。

2012年年底，西溪亲水公园示范段已向群众开放。踏着柔软的土路，行过朴素的石桥，牧牛于乡野之中，赶鸭于河畔之上，尽是一片惬意安宁，体现“虽在城中，宛若田园”的意境。

2013年年初，示范段经验已在全市16处郊野公园建设中推广。

2013年4月，漳州凭借其良好的生态环境，成为福建

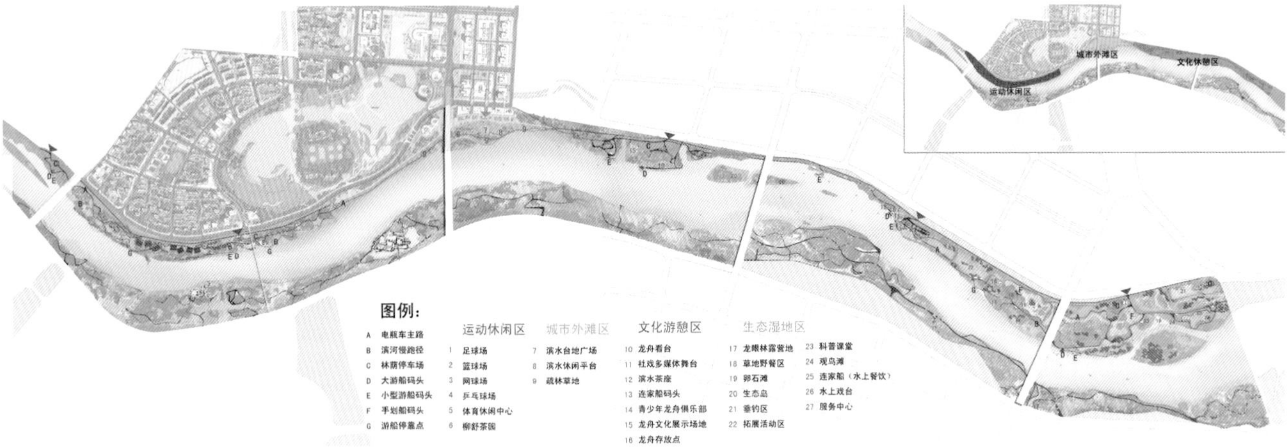

图 7 规划示范段平面图

图 8 花海景观

图 9 湿地

图 10 驳岸景观

唯一入选中欧智慧城市合作试点城市。

2015年1月，漳州郊野公园龙文段荣获中国人居环境范例奖。

漳州对郊野公园系统的规划建设，体现了“新型城市化”“城乡一体化”和“生态文明建设”的发展理念，显示出“城市的远见与格局”。

福清市湿地公园项目设计

项目地点：
福州福清市

建设单位：
福清市园林管理处

设计单位：
中国城市建设研究院有限公司

施工单位：
福建省宏晟建工有限公司

获奖情况：
2015年度省级优秀城乡规划设计奖（风景园林类）二等奖

一、项目简介

项目规划用地位于福州市辖福清市宏路镇，南面龙江，北倚清盛大道，西侧是福厦公路（324国道），东接规划的福清市市民休闲公园，湿地公园重点营造动植物生境环境，设计游步道、高架木栈道、观鸟平台、科普广场等设施。以“追求人鸟和谐的美丽家园”的主题定位和“山水花鸟”的设计构思实现“远看山有色，近听水无声；春去花还在，人来鸟不惊”的湿地景观。

二、项目背景

用地面积约为281127平方米。规划范围内现状用地主要为农田、天然草地和林地果园，地势较为平坦。少量居民自建房，比较杂乱。项目区规划设计防洪标准为30年一遇。

三、设计构思

公园定位为城市湿地公园，以“山水渔农”为构思要素，将建成集“自然生态、绿色休闲、游憩观赏、展示体验、科教调研”等功能于一体的城市特色湿地公园。

四、主要内容

游览活动区：在该区主要布置观鸟平台、湿地栈道、都市田园、健康步道等内容，满足群众的游憩观赏需求。湿地展示区：该区规划湿塘、雨水花园、浅水沼泽等各种湿地形态，用以科普展示，向市民普及生态知识，增强环保意识。管理服务区：该区内规划访客中心、主入口、生态停车场等，配套服务内容齐全，建筑造型轻盈别致。

游线设计为6类：滨水游线、湿地游线、花境漫步游

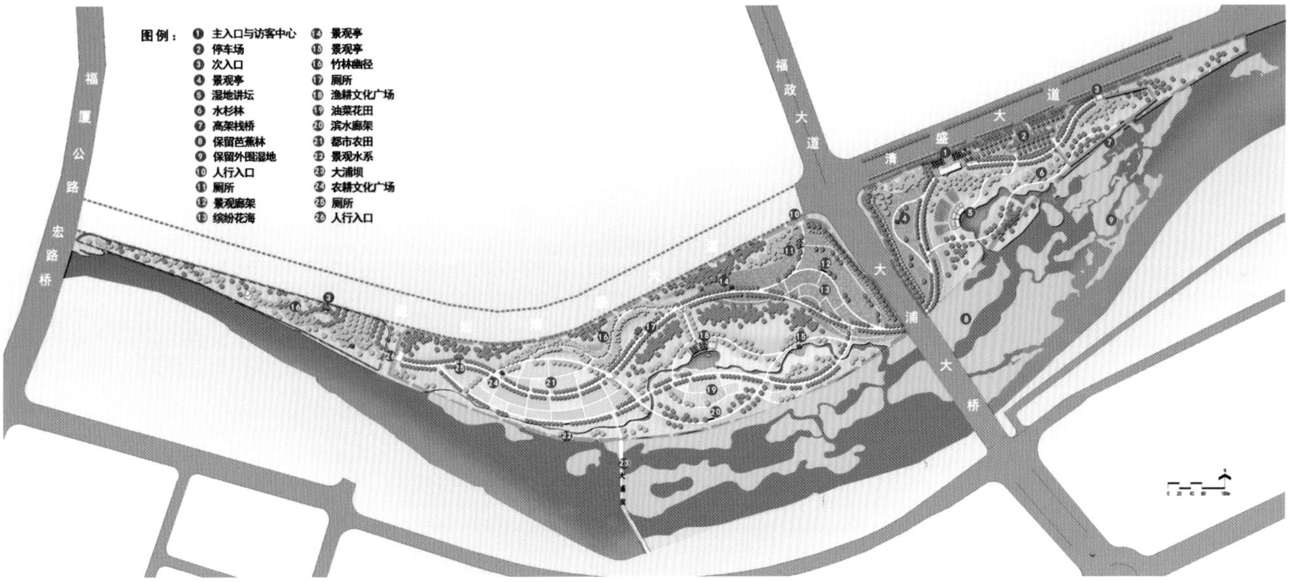

图 1 设计总平面图

线、高架木栈道游线、赏蝶漫步游线、水上游线。

水体及动物生境的营造：场地竖向遵循龙江现状水文情况，湿地高程，形成不同水深的湿地生境。湿地水深设计：不同鸟类对水的适应性不同，可人为控制湿地水位，增加浅水生境的营造，为鸟类觅食提供浅水岸线，尽量保护自然驳岸的弯曲形态。

主要动物：鸟类、两栖类、鱼类 、昆虫等。

水体驳岸形式：自然缓坡式、湿地式、沿水平台式。

五、特色

海绵城市设计理念：湿地在蓄水、调节河川径流、补给地下水和维持区域水平衡中发挥着重要作用，是蓄水防洪的天然“海绵”，时空上分配不均的降水，可通过湿地的吞吐调节实现平衡，避免水旱灾害。本次设计根据《海绵城市建设技术指南》，利用植草沟、雨水花园、下沉式绿地、湿塘、雨水湿地、蓄水池等措施，调蓄、净化雨水，削减径流峰值。以“慢排缓释”和“源头分散”控制为主要规划设计理念。

雨水花园是自然形成的或人工挖掘的浅凹绿地，是一种生态可持续的雨洪控制与雨水利用的设施。设计中还将雨水花园作为湿地户外科普展示区。

六、实施情况

福清湿地公园是“环龙江两岸生态公园”的重要组成部分，主要突出山水入城、生态湿地、渔农文化等概念。目前已建成的A区主要分为花海观景区、都市农田、湿地体验区及附属配套服务区等，占地面积约8.2万平方米，其中绿化面积约6.9万平方米，机动车停车位108个。公园里的访客中心、休闲步道、观景平台、花海、都市农田等已经对市民开放。“都市农田”是福清湿地公园的一大亮点。市民在公园内可以体验蔬菜种植、管理、收获的过程，菜地占地约4500平方米，竹篱笆环绕四周，分为生产性和观赏性两个区域。花海观景区以大面积的花田景观为主，种植方式有花田、花畦和路旁带状种植，目前已种植月季、三角梅、美人蕉、杜鹃花、紫竹梅、风车草等植物。

图2 湿地讲堂

图3 湿地栈桥

图 4　湿塘景观

图 5　雨水花园

图 6　都市农田

图 7　健康步道

图 8　休闲廊架

龙岩市东山湿地公园概念规划

项目地点：
龙岩市中心城区

建设单位：
龙岩市园林管理局

设计单位：
龙岩市城乡规划设计院

获奖情况：
2017年度省级优秀城乡规划设计奖（风景园林类）三等奖

一、规划背景

为加快龙岩市“五城同创”（卫生城市、园林城市、双拥模范城市、优秀旅游城市和文明城市）建设，结合龙岩市总体规划、绿地系统规划、东山片区规划及打造宜居环境建设的相关要求，龙岩市委、市政府拟在东山小溪河两侧建设东山湿地公园。2015年10月龙岩市园林管理局委托龙岩市城乡规划设计院编制《东山湿地公园概念规划》。

二、规划构思

一个“流动的公园”：公园规划遵循生态的理念，遵循生命的规律，丰富植被，修复湿地，改善水质，通过生态环境的改善逐步丰富物种多样性。在满足污水处理、水质净化功能的前提下，加强各景观区块同城市周边的相互联系，注重城市空间的塑造，从提升东山片区湿地景观的“精神特质”入手，塑造集“集体性、开放性、共享性”于一体的高品质人文、生态景观环境，为社会休闲、旅游及周边人居板块提供特色的乐活宜居环境，为科普教育、生态知识解说提供机会，为社会民众提供亲近自然、感受自然、体验自然的场所，最终实现人与自然和谐共生的可持续发展。

三、主要内容

1. 规划范围

规划范围东至308省道，西至规划的西翠路，南至庙山，北至莲南路，规划用地面积115.13公顷。

2. 现状存在问题

（1）水质污染较为严重，水质断面以Ⅴ类水质为主，水量不稳定，含沙量高；

（2）铁路和城市道路的穿越对公园干扰较大；

（3）河道淤积严重，两侧已基本建成防洪堤岸，河岸与河道高差较大。

图 1 设计总平面图

3. 规划定位

公园定位为：集生态保护、湿地展示、科普教育、娱乐休闲于一体的城市复合型湿地公园。

4. 总体布局

规划通过东山湿地公园对小溪河上游水质进行净化处理至Ⅲ类净水后排入小溪河。公园总体划分为湿地休闲区、河流修复区、湿地净化区、管理服务区及生态保育区五个功能区。

（1）湿地休闲区：占地面积约25.02公顷，为市民活动的重点区域，主要开展湿地休闲游憩、运动康体以及其他不损害湿地生态系统的活动，展现城市活力，增加人与自然的参与性和趣味性。结合周边居住、教育等用地，设置林荫广场、儿童游戏场、对弈园地等项目；结合内外湿地设置曲水长汀、芦荡迷津、沁心花园等景点。

（2）河流修复区：占地面积约19.61公顷，主要是整治修复小溪河，清理、疏浚河道，还原滩涂面貌，增加水生植物和湿生植物，设置钢闸坝，改善小溪河水质，并结合现状滩地设置芦花飞鹭，局部将现状硬质防洪堤改造为生态驳岸。

（3）湿地净化区：占地面积约17.82公顷，以湿地净化、观鸟、科普、水生植物展示为主，通过湿地水系净化过程提升水系自净能力达到水质的提升。规划结合湿地生态净水设置水花园、跌水堤坝等项目；考虑湿地体验性设置观鸟屋、湿地迷宫、百蝶花海等项目。

（4）管理服务区：占地面积约2.96公顷，主要为游人提供包括信息咨询在内的多项服务，设有管理房、咨询服务站、自行车租赁点、医务室以及茶室、小卖部等服务设施。

（5）生态保育区：占地面积约49.72公顷，是湿地公园不可缺失的一部分，是保证湿地公园发挥调节城市生态功能的重点保护区。此区域主要用于科研、保护湿地和修复破坏严重的湿地，恢复其生态功能等工作，限制人类活动。游览以远距离观景为主，目的是为各种生物提供良好的生存繁衍环境，保证生态环境免遭破坏。设置鉴碧亭、林间小憩等远距离观景项目。

5. 水系规划

（1）水系梳理

尽可能减少场地开挖回填，充分利用现状鱼塘水系，

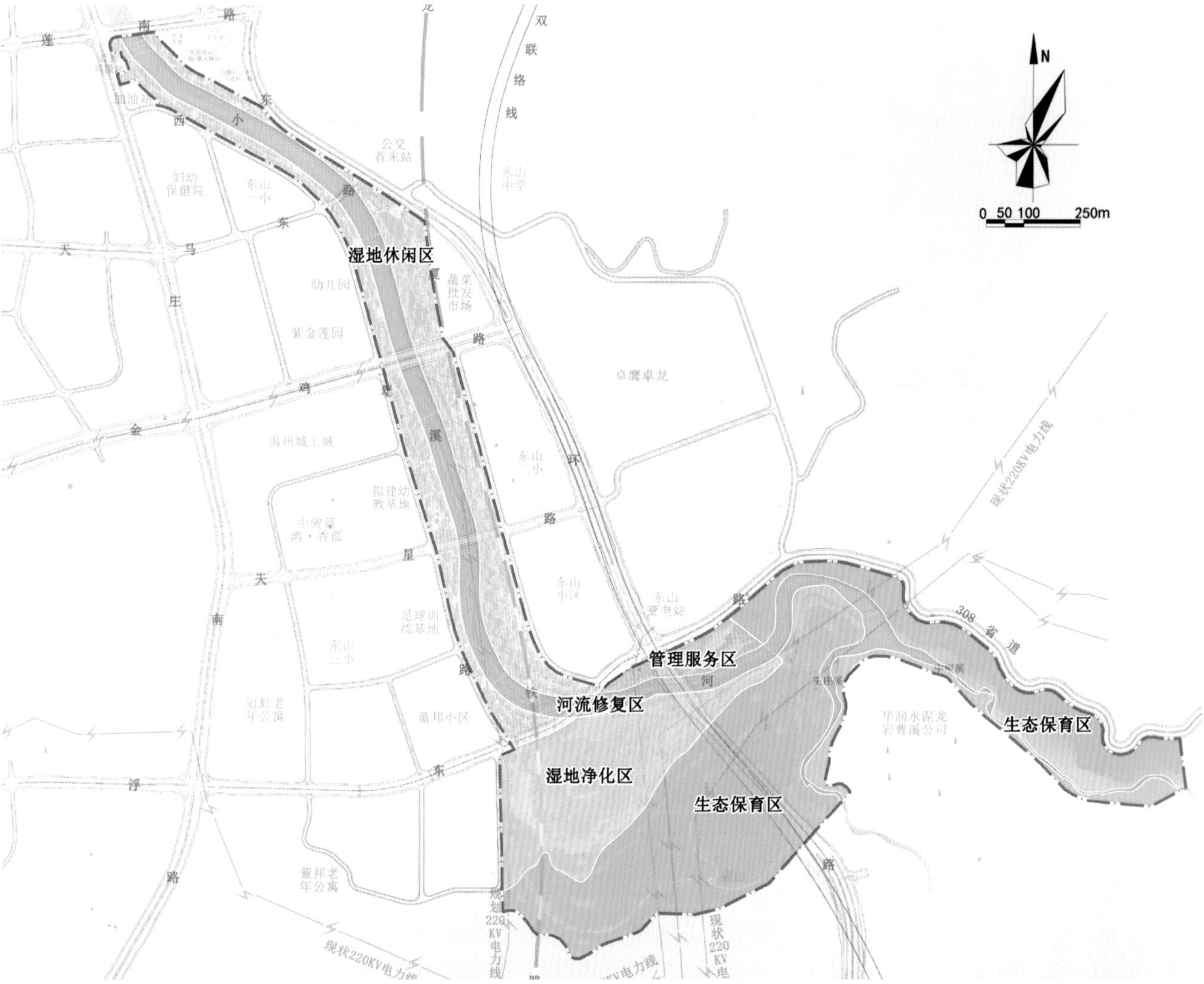

图2　功能分区图

适当开挖联通，部分干枯鱼塘进行深挖，蓄集雨水。通过对水系的梳理，公园规划形成自然河道和人工湿地两个净化水系。

（2）湿地净水处理

将湿地公园打造成一个湿地净水的设施，构成了一个富有生命力的水质净化系统。

6. 道路交通

（1）一级园路

即公园主路，由莲南路开始，沿河道两侧布置，串联湿地休闲区、河流修复区、湿地净化区、管理服务区及生态保育区五个功能区，兼具绿道、自行车道功能。天星路、浮东路南部及东环路部分采用下穿形式。

（2）二级园路

即公园次路，是各区游览辅道，兼具健身慢跑功能。金鸡路、天星路及浮东路北部部分采用下穿形式。

（3）三级园路

即公园支路，是湿地净化区高架游览栈桥，引游客进入湿地净化区，观赏学习湿地生态净水。

（4）四级园路

即湿地公园用于湿地管理与考察的小路，不对游客开放。

（5）公园入口

主入口：沿城市主要道路，结合公园主路在曹溪东山村蔬菜批发市场、东山变电站、董邦村安置小区方向共设置3个主入口。

次入口：结合周边用地，沿城市支路设置多个次入口，方便周边居民的使用。

图3 水景效果图

图4 湿地效果图

四、规划特色

1．因地制宜，尊重场地肌理

基于现状河岸与水面高差较大，东山湿地公园规划形成自然河流湿地和人工湿地两个水系。充分利用现状鱼塘水系，通过开挖联通、枯塘深挖等方式，蓄集雨水，梳理改造，形成开阔水面、曲水、溪流、岛屿、滩地，体现水的深远、平远、幽远之美。

2．保护修复，生态节能

小溪河水质属Ⅴ类水，泥沙含量大，河水总悬浮固体含量高，水体浑浊，河道生态系统已被严重破坏。规划通过人工湿地和自然河道两个净化系统对小溪河Ⅴ类水进行生态净化：自然河道通过设置跌水坝、种植湿地植物、培育微生物等方法进行小溪河水生态净化；人工湿地将小溪河Ⅴ类水，经过过滤、沉淀、曝气加氧、植物、动物和微生物的净化，在缓慢流经湿地的过程中，得以净化至Ⅲ类净水，供公园的景观、浇灌和冲洗用水。

3．生态环保，可持续发展

规划遵循景观生态学及恢复生态学等相关理论，运用多样化的生态景观规划设计方法，利用表流潜流植物斑块、生态浮岛、水生植物塘有机结合的独特的生态复合式景观湿地处理系统，引入乡土湿生、水生等多层次植物种类，进行人工干预下的湿地自然修复，完善生态格局，最终实现人与自然和谐共生的可持续发展。

石狮市红塔湾滨海公园概念规划

项目地点：
泉州石狮市

建设单位：
石狮市海岸带规划建设指挥部办公室

设计单位：
福建省城乡规划设计研究院

施工单位：
福建艺景园林工程有限公司

获奖情况：
2017年度省级优秀城乡规划设计奖（风景园林类）二等奖

一、规划背景

雾霾、极端天气、城市病、水土污染等环境问题日益突出，在中国当前高速城镇化的背景下，城市建设发展越来越重视环境的保护，提倡精明增长。城市建设以自然为美，把好山好水好风光融入城市。控制城市开发强度，划定水体保护线、绿地范围控制线、基础设施建设控制线、历史文化保护线、永久基本农田和生态保护红线，防止“摊大饼”式扩张，推动形成绿色低碳的生产生活方式和城市建设运营模式。在此背景下石狮市政府启动向海岸带发展的城市发展战略，成立石狮市海岸带规划建设指挥部，大力推动石狮海岸带保护性开发建设。2017年福建省城乡规划设计研究院受邀编制规划，提出“守护”红塔湾为宗旨的《石狮市红塔湾滨海公园概念规划》得到各方的共鸣与认可，并以此指导《红塔湾滨海公园修建性详细规划》编制工作以及后续的项目实施方案。

二、规划构思

通过现场踏勘与走访，项目组总结红塔湾滨海公园规划需解决的问题：（1）该项目作为石狮海岸带开发的引擎，如何让生态回归，培育可持续发展海岸生态基底？（2）如何组织低干扰、受欢迎的游憩项目，能够在兼顾环境的同时，实现城市人对休闲游憩的需求？（3）如何建立一个具有本地文化认同感的滨海生态公园？（4）如何避免同质化开发？

以问题为导向，秉承“望得见山、看得见水、记得住乡愁”的规划精神，以守护红塔湾生态基地、守护石狮的历史印迹、守护石狮海洋文化为宗旨，目标是将红塔湾打造成一个集休闲游憩与环境教育于一体的滨海生态休闲地，石狮优美宜人海岸线的生态名片。

规划提出四个策略：

策略一：生态修复及保护优先

公园开发建设首先应保护生态防护屏障，严格保护防风林并对其进行有机更新维护，修复湿地原有生境，保护

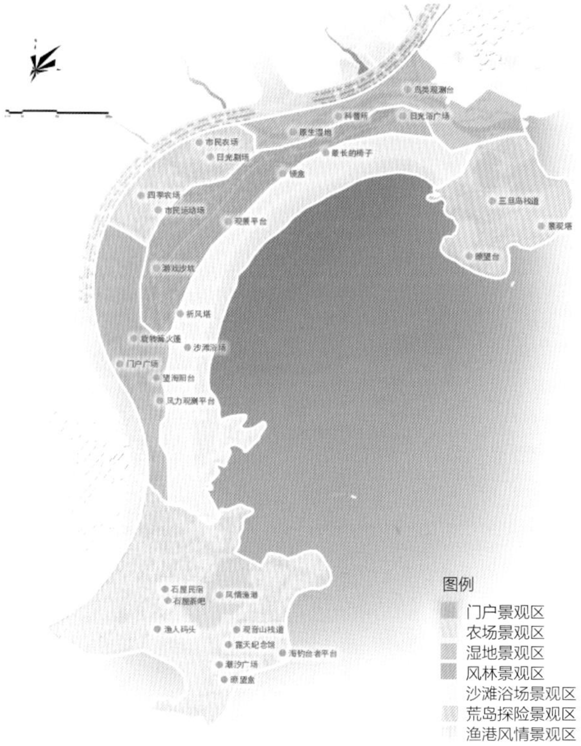

图 1 规划总平面图

岸线合理使用，控制污染，治理水系。利用地貌变化形成海洋、滩涂、林地、湿地与草坡五种生境，达到吸引物种驻留与栖息的目的。

策略二：低影响场地开发，拒绝过度设计

以可持续利用为宗旨，根据场地环境承载能力与社会经济情况设定合理功能，场地适当“留白”，为今后发展留下弹性空间，为子孙后代留下“绿色财富”。拒绝过度功能开发与场所设计，避免开发利用对场地生态环境造成影响，将场地内原有的自然与人文资源特点加以利用，采用低影响开发，融合“海绵城市”设计理念及技术优化场地条件。

四季花田：现状农田景观单一，将农田改造为四季花田，满足游人观光、摄影的需求。

市民农场：保留农田，增加农事体验，改造局部微地形，提供观演、野餐、聚会、日光浴等活动空间。

策略三：合理游憩容量控制与内容设定

根据环境容量测算与游人游览环境需求，合理控制游

生态敏感度评价因子

编号	生态因子	属性分级	评价值	权重
1	淡水范围	≤ 50 米	9	0.2055
		50 米 < X < 100 米	5	
		≥ 100 米	1	
2	植被	防风林	9	0.2857
		湿地	7	
		耕地	5	
		荒地	1	
3	潮间带	标高 ≤ 2.53	9	0.1073
		标高 ≥ 2.53	3	
4	坡度	≥ 20 度	9	0.0351
		10~20 度	5	
		0~10 度	1	
5	迎风区	高速风区	9	0.2432
		中速风区	6	
		微风区域	1	
6	土壤	沼泽、沙滩	9	0.0498
		林地	7	
		耕地	5	
		沙地	3	
		建设用地	1	
		岩石	1	
7	海岸线距离	≤ 100	9	0.0734
		100 米 < X < 200 米	5	
		≥ 200	1	

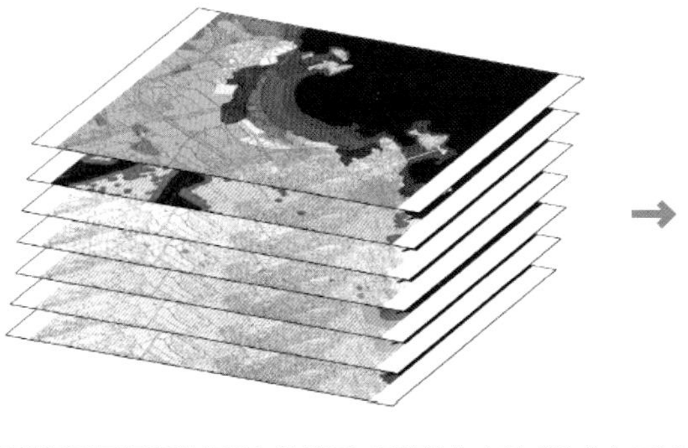

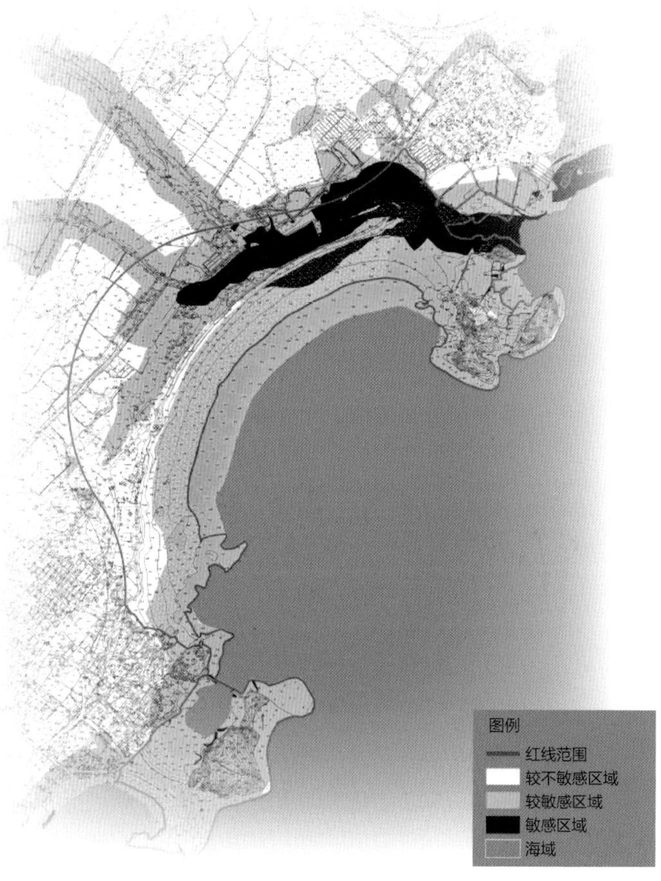

各因子根据不同权重进行叠加计算后，最终的生态敏感性分布区域。

图 2 生态因子分析

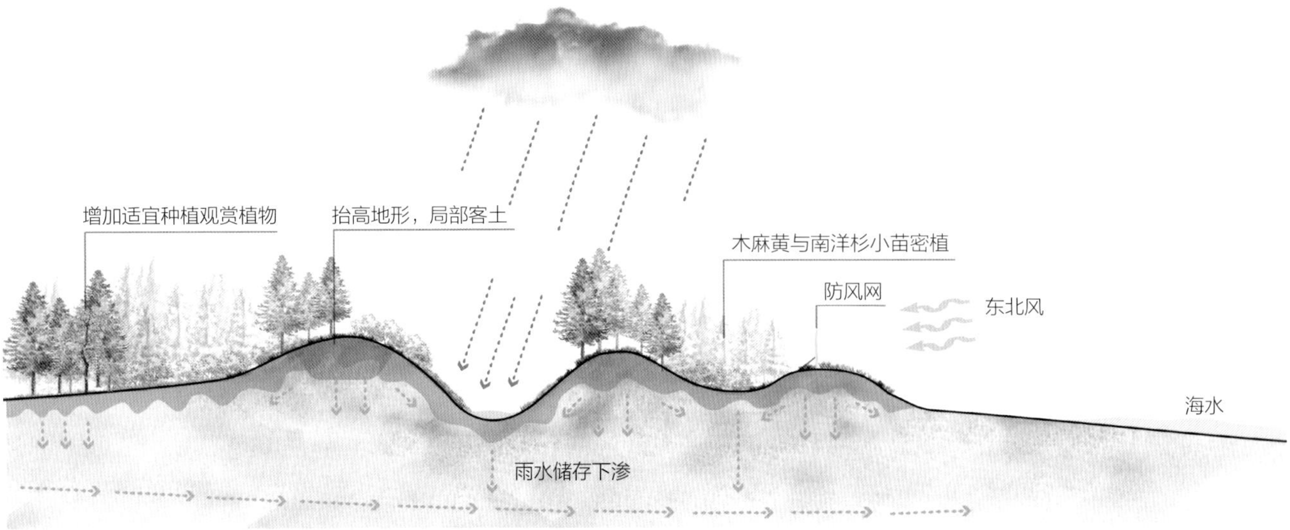

图3 修复防风林

客量，结合公园智慧系统建设，分流疏导高峰客流，依据合理容量配套公园设施。从保护角度出发设定功能分区及其相应配套基础设施，利用合理的游憩设施布局及活动内容设定引导、规范游人活动范围与行为，降低人为活动对环境造成的影响。增设科普内容，让游人认识感知自然，共同保护生态环境。

主入口广场：坐落于公园中部，地理位置优越，周边交通设施便捷，为游客主要活动区域及公园门户形象区。主要布置停车场、集散广场、管理服务用房、公厕等配套设施。对设施的集中式布置，有利于控制主要人流的活动范围，减少对自然环境的人为干预。

原生湿地：现状硬质挡墙破坏了原有的自然生态，项目拆除硬质驳岸，改建生态护岸，架设栈道、约束游人活动范围，降低对湿地的干扰。

三旦岛：现状岛屿生态脆弱，架设栈道，避免无规划的步径使岛屿植被遭受破坏。并于岛内制高点设置地标塔，与西北向宝盖山姑嫂塔形成视线通廊。

策略四：延续场所精神和文化记忆

利用场所特征深度挖掘利用，使永宁海港、渔村文化以及海洋文化得以延续，活化渔港植入休闲业态，利用景观设计手法让游客更为生动感受海洋文化特征，塑造一个石狮人所向往的富有文化记忆的精神场所。

风情渔港：保护渔港风貌，植入业态，形成具有场地记忆与渔村文化内涵的空间氛围，恢复场地生机。

石屋茶吧：围绕渔港，对现有部分空置民居合理拆除改造，完善配套设施，植入民宿、渔家乐、茶吧、咖啡吧等业态，促进当地社区持续发展。

三、项目特色

1. 公众参与，上下联动。采用访谈与数据分析等方法相结合，划定功能分区。

重视公众参与，大量访谈当地民众与来此地游客，收集他们的诉求作为规划考量因素。通过访谈口述历史，挖掘人文要素及传统文化。征求石狮市政府、永宁地方政府及当地村委会意见，平衡不同层面开发需求。

根据现场踏勘访谈信息，结合场地自然生态因子GIS数据分析结果，导出场地生态敏感保护区、适宜建设区。最终综合各项分析结果确定公园的功能布局。

2. 利用影视传媒手段，使规划更为直观地被公众接受。

采用延时摄影的方法记录海岸带一天的变化，并用纪录片访谈的方式录下当地民众的想法与游客的呼声。用影片的形式表达规划的初衷，让公众更容易接受，从而参与规划，改变公众的理念，从自身做起，一起守护红塔湾。

3. 创新性运用“城市双修”的新理念，多专业融合构建滨海生态休闲地。

规划将土壤、植物、水、建筑等多专业融合，通过生态修复，改善石狮海岸带环境；通过渔港的修补，改善石狮海岸带风貌。规划提出废除场地内养殖场，恢复原始地

图 4 主入口鸟瞰图

图 5 日光浴平台

图6　市民农场

图7　三旦岛

图8　风情渔港

形地貌、防风林、湿地等，修复沙滩，限制公园内的活动内容。利用空间改造引入休闲产业，激活渔港风情。

4．扩大规划视野，从城市景观风貌、城市格局对场地进行定位与布局。

不局限于就公园论公园，从石狮市山水城空间格局出发及景观风貌角度出发，将场地与石狮山—城—海景观廊道紧密联系，确定空间视廊及公园的景观焦点。将公园与周边海岸带进行横向比对，明确公园游憩项目的设置，避免同质化建设。

四、综合效益

规划提出“守护”红塔湾，进行生态修复和渔港的更新，低影响开发创建滨海生态休闲地，打造石狮城市“望海阳台”的理念得到市政府及民众、游客的认可。在此规划指导下，石狮市海岸带规划建设指挥部相继启动《石狮红塔湾滨海公园修建性详细规划》与《石狮红塔湾海岸公园（一期）工程项目设计》，目前公园已在稳步实施建设中。此外，概念规划的理念亦影响石狮海岸带其他区域发展的方向。在“城市双修”及低影响开发的理念影响下，石狮市海岸带将成为环境优美、生态良好、有文化有内涵的生活空间。

图9 海岸线风景

图10 石屋茶吧

厦门市翔安区环山风景廊道总体规划设计

项目地点：
厦门市翔安区

建设单位：
厦门市翔发集团有限公司

设计单位：
厦门宏旭达园林工程有限公司

获奖情况：
2017年度省级优秀城乡规划设计奖（风景园林类）三等奖

一、项目概述

为贯彻“美丽厦门”战略规划提出的“山海一体、江海连城”的大海湾城市战略，服务岛内外一体化，推动“美丽乡村”建设，厦门市将规划一条长约140公里的环山风景道，贯通岛外四区。这条环山风景道建成后，将为沿线山区民众提供安全、便捷的出行条件，同时带动当地旅游产业和经济发展。本次借厦门市建设“环山风景道”为契机，着力打造翔安区“风景廊道”。

翔安区风景廊道南起香山风景区，北至观音山，西连北辰山（同安区风景道），主线全长55.2公里。其中，一期主线全长19公里。风景廊道及支线道路两侧视线可及范围纳入本次规划范围，本次规划范围90.7平方公里。其中，一期规划面积约34.9平方公里。

二、规划内容

风景廊道规划原则有以下四点：

（1）重在规划，根在生态；

（2）因地制宜，彰显特色；

（3）多元投入，实现共赢；

（4）示范带动，全面提升。

让有限的政府投入，集中用于规划引导上。花小钱办大事，田埂变绿道、田园变公园、基地变科普课堂、郊野山地变旅游胜地、私人资产变公共资源，做到就地取材、因地制宜。不孤立开展环境整治，而是以环境整治为载体，推动城乡大环境的改善、生态建设的提升、经济社会文明建设的跨越转型。在示范段建设的基础上，边试点、边总结、边推广，以点带面全面铺开。最终呈现“显山、露水、秀村、融绿”的景观效果，提高翔安旅游核心竞争力。

环山风景廊道总体规划以生态美、产业兴、旅游旺、百姓富为规划主题。以山为脊、水为灵、路为脉、彩为韵、文为魂作为规划手法。通过对沿线山林、田园、水系、人文等资源的充分调查研究，结合考虑城市规划路的

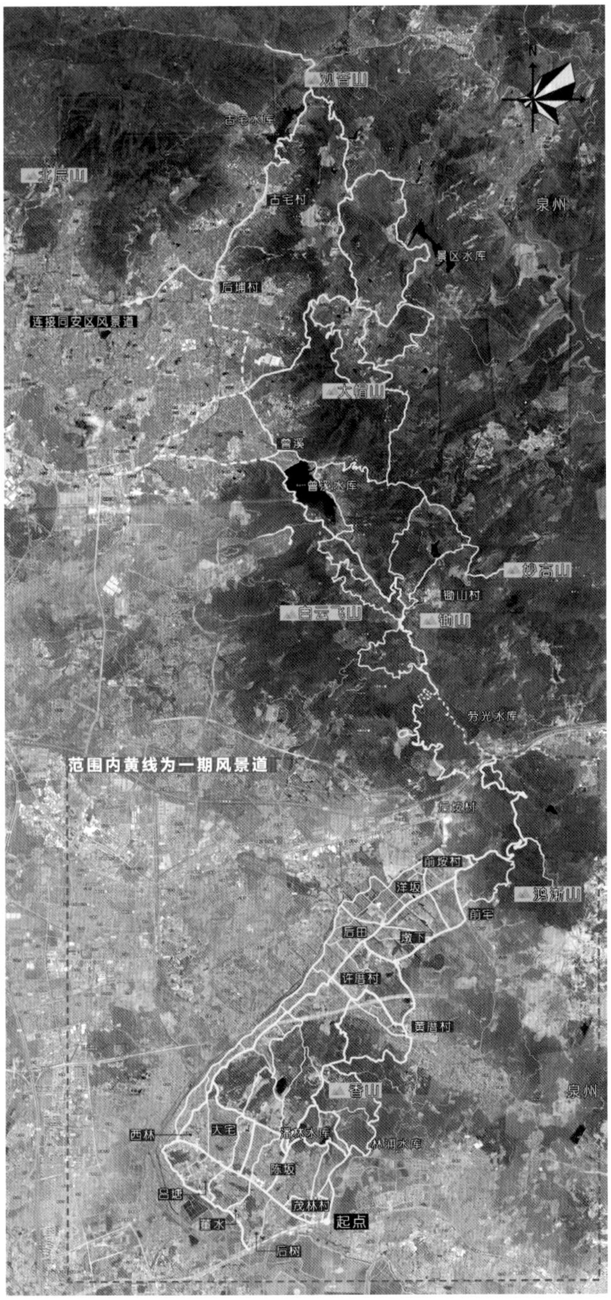

图 1 区域总平面图

图 2 风景道效果图 1

图 3 风景道效果图 2

图 4 风景道效果图 3

干扰度、安全指数、舒适指数、畅通指数、与乡村旅游的契合度、资源利用指数、管护指数、建设适宜度、投资指数、开发时序等详细选线参数。最终选择自然风景优美、人文资源丰富、视觉体验多样、田园风光迤逦的风景廊道线路。

风景道是风景廊道的主动脉，引导游览的方向，输送游客快速、便捷地到达各个景区、景点或驿站。选线与设计标准采用“因地制宜、保护环境、节约土地、量力而行、注重安全”的原则。选线避开山路险峻、土质较差、水文不良等地段，同时减少对山体、河岸、植被、古树名木、古建筑等的影响，尽量减少不必要征地与拆迁，注意道路沿途景观的多样性与变化——临水观景、隐于深山、登顶鸟瞰……给予游人不一样的心理视觉体验。

车道标准段宽6.5米，服务对象主要是小汽车，需满足旅游中巴通行。部分路段有通勤公交、自行车、步行等通行需求的需灵活规划。兼顾“点、线、面”，做到相互协调，有机补充，并紧抓“露、透、封、诱”四字方针，将周围的景观发挥到最佳状态。

绿道是连接田园、驿站、生态山地、名胜区、历史古迹及各个村落聚居区之间线性开敞空间的纽带。道路标准段宽2.5米，在自然乡野的环境下以整体性、可及性、多样性为原则，营造贴近自然生态的自行车和人行交通体系，能够为乡村游客提供更加绿色低碳的游玩形式。

蔓延19公里的风景廊道（一期）仿佛是一个娓娓道来的故事序章，而不同的景观资源、人文资源将这个“序章”分成了四个小节，塑造出截然不同的游览体验与空间秩序，将多样化的景观氛围一一呈现。

翔安风景廊道（一期）规划为：一带四区一心八节点

一带：风景道

四区：香山风景区、九溪民俗区、农业观光区、森林健身区

一心：香山核心区

八节点：茂林、黄厝、许厝、后田、洋坂、前垵、鸿渐山、盈岭古寺

风景廊道游览流线：区域交通干道—风景道—驿站—绿道—景区景点。沿线九个驿站，分布在风景道的集散点，为游客提供休憩、换乘、补给等需求，并引导游客进入景区游赏。其或新建、或借用，功能不尽相同。结合现场条件，使之在功能上实现相互补充，以满足附近村民及游客休憩及补充消耗品的需求。

香山风景区（逸趣）：香山名胜区依托丰富的山岩丘陵景观和环绕溪水景观，规划为生态保护区、自然景观保护区、史迹保护区、风景恢复区、风景游览区和发展控制区，具观光、休闲、文化、朝圣等旅游功能，并将逐步发展成为集游览、餐饮、住宿、购物、娱乐为一体的全方位旅游名胜景区。游客可感受场地禅香、人文香、花香等三香文化，并在建于1127年的香山岩寺、香山书院等众多文化古迹、明清风格的古民居村落中，在由梨园世家创办的民间戏曲艺术学校形成香山独特的文化氛围中接受洗礼。

九溪民俗区（雅趣）：片区内现有吕塘、茂林、陈坂、董水、西林、后树、大宅等各具人文传说又互有联系的村落，整个片区呈现文化统一、风情多元的局面。以此为依托规划九溪人文民俗区，划线绿道，修缮村落古民居，打造休憩节点。漫步在充满闽南人文气息的乡村中，与村里长者在屋前品茶，聆听长者的教诲感悟。在此一杯清茶、一句人生，乐享雅致的休闲时光。

农业观光区（野趣）：依托现有田园景观，引导村民种植具有较高景观价值的经济作物。打造都市型生态农业基地，供游人来此体验田园休闲生活。规划沿线村落形成

图5　乡村民宿

一村一品、一村一业的特色农业，将旅游渗入到村落及农园中。

黄厝－农业采摘庄园：利用现状龙眼林、田园等资源，打造采摘园、挖掘园、观光花园等特色项目。让游人从紧张繁忙的都市工作之中抽离出来，放松身心、亲近自然，亲身体验采摘水果，挖掘土豆、胡萝卜以及参观龙眼烘干制作过程，享受“自己动手，丰衣足食”所带来的乐趣。

许厝－农业教育庄园：保护与修缮村落中原有的古民居，重现这里的民风古韵。对原有保存较好、面积较大的建筑加以改造利用，游客在此可以学习“闽南农耕文化”，体验“剪瓷雕”，造访“鲁藜故居”，品尝地道闽南“农家菜”，最后入住古厝“民宿”，乐享一天农家生活。

后田－公社文化庄园：充分挖掘原有公社文化，融入公社岁月、回忆录、图书影像展等内容，打造以公社文化为主题特色村落驿站。对原有的停车场、农夫之家饭店、公社宿舍、公共厕所加以改造利用。

洋坂－现代农业庄园：依托洋坂现有的大棚基地，本村以主导产业、产品为重点，现代农业和传统农业相结合，优化组合各种生产要素，实行区域化布局、专业化生产、规模化建设、系列化加工等，打造农业产业化庄园。

前垵－农业娱乐庄园：前垵位于鸿渐山山脚，依托该村良好的古民居、古榕树、水系等景观资源，打造一个集乡村民宿、休闲垂钓、农家烧烤、趣味游乐为主的综合性文化娱乐庄园。并融入漆画作坊等艺术文化产业，多方面改善当地居民生活品质及收入来源。

农业观光区内田园阡陌纵横，或田埂、或水沟，彼此连通，变化万千。田野中种植各种农作物，秋季金穗摇摆，微风拂面，令人流连忘返。或与孩子三五成群在田野里嬉戏，或亲手采摘水果。妙哉美哉！

图6 休憩区

森林健身区（幽趣）：鸿渐山海拔较高，植被茂密，作为风景廊道故事的高潮，拥有知青文化与盈岭古寺两个驿站，登顶可俯瞰翔安也可远眺台湾海峡。通过林相改造增加山体色彩，打造一个供村民登山休闲、运动养生的森林氧吧。在鸿渐山绿荫林中，或远离尘潇，或聚会露营，沉浸于淡淡的果香，随着登山步道，时而远眺山谷，时而登高鸟瞰密林，享受着自由与幽静。

知青文化驿站位于鸿渐山山腰处，利用废弃知青楼进行建筑改造，借用原生植被及地形等作为景观空间的基底，结合驿站与停车场、休闲平台、观景连廊等设施，形成一个完备的服务休闲驿站。在停车场、廊架、建筑等应用 PV System（光伏发电系统）直接将太阳能转换成电能。

盈岭古寺节庆日人流量大，配套设施已初步完成，通过对其进行改造提升，结合同安主簿朱熹手书“同民安”匾坊和佛文化打造驿站景点。

翔安区有着深厚的人文底蕴，但各个人文景点散布于山林村落之中，不易于游览。通过规划选线，将翔安区各景点串联起来，使分散的景观资源形成一个完整的游览体系。通过绿化规划，针对机动车和步行游赏的不同视觉特点进行风景廊道两侧绿化设计，对不佳的景观进行遮挡。合理布置驿站，结合业态导入，在满足附近村民康体需求的前提下给村民更多的创业机会，带来额外经济来源。

通过本次廊道规划，深度挖掘翔安文化并将翔安区景观资源形成体系。在满足附近村民登山休闲、康体健身需求前提下，进一步提高了翔安区旅游资源的竞争力。

南太武黄金海岸景观工程一期、二期

项目地点：
漳州市开发区

建设单位：
漳州开发区招商置业有限公司

设计单位：
厦门都市环境设计工程有限公司

施工单位：
福建荣冠环境建设集团有限公司

获奖情况：
2016年度福建省“闽江杯”园林景观优质工程奖

一、项目概况

南太武黄金海岸景观工程一期、二期位于漳州开发区黄金海岸环海东路，项目总用地面积约15.6万平方米，一期合同造价5253.02万元，二期合同造价5268.81万元，项目于2012年4月1日开工，于2015年4月26日竣工验收。

二、设计理念

南太武黄金海岸与厦门岛、金门岛隔海相望，拥有优越的地理位置与得天独厚的自然景观资源。设计定位为集文化旅游、体育休闲度假和生态景观为一体的亲水空间。规划包括海港文化区、海洋文化区、海洋运动区等三大功能区。

海港文化区：本景区通过海港遗迹、海港记忆、“海之韵”观海台地、露天剧场，以及参与性小品的展示，以漳州开发区“开放、开拓、果敢、创新”的海洋精神，向人们展示深邃而迷人的海洋之梦。

海洋文化区：主广场以螺旋式下沉喷泉、艺术喷泉等为主轴，间以石阵、景观小品、廊架等海洋文化，向海纵向延伸，演绎着与大海息息相关的人类文明发展脉络。烧烤区则为游人提供更为舒适的休闲体验空间。

海洋运动区：以另一种角度和方式感受大海，体会大海无限魅力。休闲散步的林荫小道、亲水岸线的层层台阶让人更贴近海洋，体会人与自然的和谐共处；在与海洋的互动中，在休闲运动中，让人感受海滨生活特有的魅力。海滨生活是海洋文化的演绎和延伸，海洋文化则增强了海滨生活的意义和价值。

项目以大海为背景，采用“无界”的设计理念，园区内各个景观各具特色，在同一设计理念下突出海洋主题公园的特征，各景点间连接一气呵成，宛若天成。在景观布局上用移步换景的设计手法，通过植物景色、日月星辰、

图 1 “海之韵”观海台地夜景

图 2 钢构景观设施 1

图 3　钢构景观设施 2

图 4　海港记忆景观绿化

图 5　阳光草坪

阴晴、晨暮的变化与人文历史的对接，给人以不同时空的感受，让人常来常新，正所谓“年年岁岁园相似，岁岁年年景不同”。让人们在美好的景区中充分感受大自然魅力，感受大海的宽广无限、开放包容，令人流连忘返、物我两忘。心无界，人际亦无界，城市生活将更加美好。

三、施工特点

施工方深刻领会设计师“无界”的设计理念，充分理解设计师的设计意图，利用工人的别具匠心，运用新技术、新方法、新材料、新工艺，克服海边风大、盐碱化的不利因素，将丰富的“海洋文化”自然地融入项目施工中。

图6 红砖场地与绿化

图8 景观风车

图7 园路绿化一角

图9 红砖铺装的人行栈道

1. 项目部通过与当地红砖厂家合作，特别烧制满足设计要求的红砖材料，“红砖带”铺地最终得以实现并串联成一个整体，让人感受到大海的宽广无垠，令人有种“轻松、宁静、流连忘返”的感受。

2. 海港文化区则寻找海港常用的旧船锚、旧铁链、旧枕木为材料，通过现场精心摆设，营造了一种清新自然的海港韵味，使人流连于海港的记忆中。

3. 项目现场地形起伏较大，丰富的竖向设计要求增加了施工难度，施工过程通过动态标高控制，严格按竖向设计要求，实现丰富的竖向空间变化，施工完全达到设计的要求，工艺精良，为最终实现公园景观效果打下良好基础。

4. 项目绿化施工强调生态环保的理念，减少大树种植，胸径大于15厘米的速生树种乔木数量和胸径大于12厘米的慢生树种乔木数量在乔木总数中所占比例未超过10%，很好地实现了节约型园林的要求。

5. 项目施工过程中对土壤进行了改良，提高项目土壤肥力，有效改善了滨海地区植物立地条件，攻克了滨海绿化植物长势不良难题。

漳州西环城路景观整治提升暨绿道建设工程

项目地点：
漳州市圆山新城西部

建设单位：
漳州圆山新城建设有限公司

设计单位：
福建艺景园林工程有限公司

施工单位：
福建省春天生态科技股份有限公司

获奖情况：
2015年度省级优秀城乡规划设计奖（风景园林类）二等奖

一、项目背景

在漳州提出“田园都市、生态之城”的总体规划背景下，纵贯南北、跨越三区县、总长约23公里的漳州城市绿色通廊规划提出了“以水为脉、以绿为韵、以文为魂”的生态建设主题。其中本项目为示范工程，将成为塑造“休闲漳州、绿色漳州、人文漳州”的典范。

二、项目概况

项目北起西洋坪大桥南至324国道九湖段，长约4.3公里，规划区域涵盖水仙花种植基地及荔枝海部分景区，其中西侧临水仙花基地划设30米宽的田园观光带控制线，东部临城市发展用地绿带划定60米绿道控制线。设计区域用地面积约为42.9公顷，其余视域控制范围内设计内容主要为远景村落立面及林相的改造。

本项目共有两大建设内容，即整治提升工程与绿道建设工程。设计采用“以绿道建设为中心、以整治提升为绿廊体系、以配套工程建设为民本体系”的总体思路，通过重要的景观系统构建、节点刻画，将项目与圆山资源进行有机的联系，并加以挖掘、保护与利用。

三、项目特色

1. 绿道

该项目作为绿道的示范项目和样本工程，具有绿色之道、生态之道、人文之道、民本之道的深刻内涵，不仅要全面考虑绿道的生态功能、基础服务功能，还应融入当地风土人情、历史人文内涵，让市民和游客能够在领略圆山文化的同时，热爱圆山、享受圆山，让绿道为民所用、为民所享，开启圆山健康休闲生活的新篇章。

圆山孕育了世界闻名的水仙花，这里是漳州水仙花的原产地。水仙的球茎就像圆山，伸展开来的水仙枝叶就像未来建设的绿道系统，不断地向东、南、西、北延伸。绿道上的驿站、节点公园、旅游景区就像水仙枝叶上缀满的花朵，熠熠生辉，因此，圆山绿道也被称为水仙绿道。

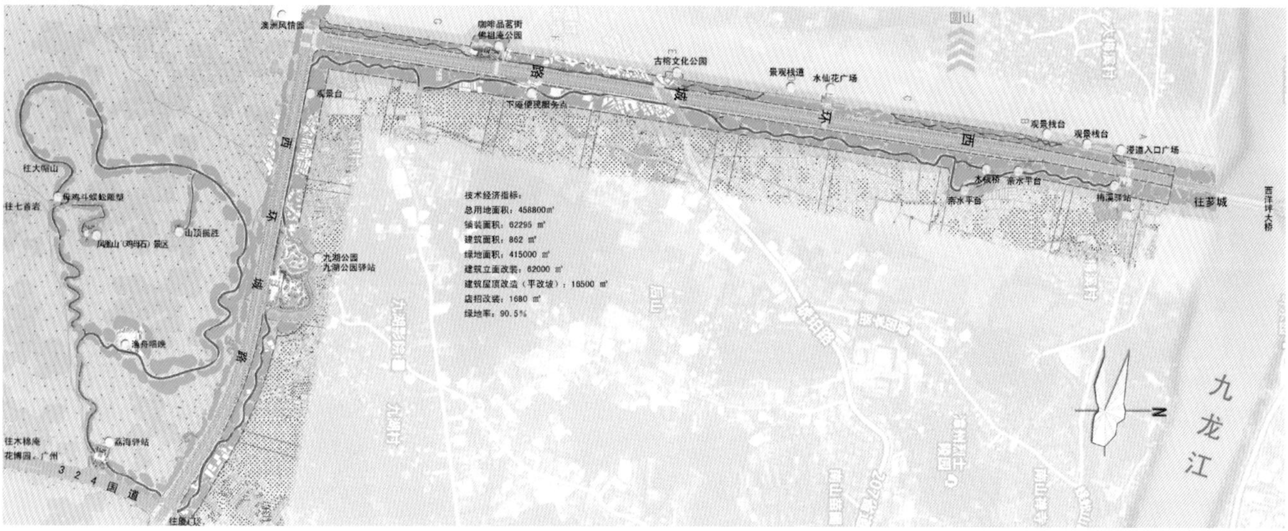

图 1 设计总平面图

图 2 景观整治鸟瞰图

本次绿道项目将根据五大系统分类进行详细设计。

（1）慢行游径系统

根据绿道沿线景观的绿植特色，共分为三大功能段，即果林乡情道、百花香溢道、荔海古韵道。

果林乡情道：沿路可见的家乡果林，开花的季节闻香慢行，收获的季节观果尝鲜，乐在其中。

百花香溢道：以观百花之婀娜、闻百花之香气为特色，穿梭于各类苗圃、绿荫溢彩之间，感受这份绿色产业

图3 自行车道及周边组景

图4 乡土建筑

为圆山带来的欣欣向荣。除了古树名木，奇花异卉，还有那形态各异的奇石九龙壁，并能够欣赏到漳州许多文人墨客为其提名的书法佳作……

荔海古韵道：一片绿海中孕育着历史悠久的荔枝树，慢行其间，感受到的不仅是绿荫下的惬意与休闲，更加令人赞叹的是其古韵之美。登上石狮岩，爬上鸡母石，远眺圆山，俯瞰荔枝海，体验着林中露营、烧烤、吊床休闲，池塘边品茗、垂钓，真正惬意之极。

（2）服务设施系统

绿道的主要服务设施大部分集中设置于驿站。本方案共设置了三个二级驿站，即梅溪驿站、百花驿站、荔海驿站，分别是根据地域特色命名，富有乡土气息。为了让绿道景观与漳州闽南文化相融合，驿站的建筑统一为闽南建筑风格，植入闽南乡土建筑的特色元素（燕尾屋、卷棚顶、骑楼等元素），营造漳州闽南文化气息（分别设计了两种风格的建筑样式），令漳州人重温家乡的亲切，令游人感受漳州文化的底蕴。

梅溪驿站：作为片林公园特色地标和该段绿道的起点驿站，利用西洋坪大桥南端的绿地设计了醒目的绿道指示雕塑，并成为未来绿道向东、西、北发展的起点和枢纽。

百花驿站：以百花为主题，结合百花公园建设驿站，兼作百花园的公园服务中心，具备齐全的服务系统，拥有百花科普、休闲健身等多重功能。

荔海驿站：位于324国道边的荔枝海出入口处，面向国道使其成为重要的门户和宣传窗口，同时也将成为未来荔枝海公园的服务中心。

（3）绿廊系统

本设计根据三个功能区主题的基本定位提出不同风格的绿道植配方案。

果林乡情段主要是保护并利用现有的果林、鱼塘水景

图5 片林公园地标

等来突出漳州圆山区富庶丰饶的景象。为了保证果林乡情的景观效果及方便周边村民的生产生活，设计中将污水排放、化粪池等整治问题，一并纳入统一规划进行设计。主要植配树种有杨梅、木瓜、芒果、杨桃、龙眼、香蕉、菠萝蜜、番石榴、蜜柚等乡土果树。

百花香溢段主要有盆景赏艺、绿荫溢彩两大配植节点。盆景赏艺充分利用现有苗圃的盆景艺术、百花摆设等来突出漳州圆山区苗圃百花齐放的生态景观，是现阶段苗圃产业有序发展的重要见证。绿荫溢彩节点则是与现有的绿化结合，点缀乡土花木、乡土观叶树种，营造绿荫背景下的彩色画卷。

荔海古韵段中的主要内容是荔枝老树的保护以及绿道控制范围内的生态恢复。游人徜徉荔海之间，领略绵绵不断的荔林带来的震撼。

（4）标识系统

绿道标识系统包括：引导标识、解说标识、指示标识、命名标识、警示标识五大类。这些标识结合本地自然、历史、文化和民俗风情等本土特色进行设计，就地取

图6 荔枝海

材，嫁接闽西设计元素，形成区别于其他标识的乡土风格。

（5）交通衔接系统

主要是与绿道连接的外围环境，如城市道路、国道、省道、景区、未来交通规划等方面的衔接。路线设置中尽量避免与其他机动交通道的交集，有借用到其他交通路面的情况下，通过设置醒目的标识和铺地等设施，保证行人的安全与便捷。

为保护荔枝海，绿道根据地形，在尽量不破坏荔枝古树的基础上进行合理路线设计。并在绿道控制范围内增加部分林下绿化，丰富绿道沿线景观。

与景区的衔接方面，在做好指示衔接的基础上，方案还通过对景区文化的提取，设置相应的形象雕塑作为趣味指引。

2. 整治提升

（1）古榕文化公园

西环城路与207省道十字交叉路口生长着两棵古榕树，辟为古榕树文化公园。因绿道周边临近水仙花田，该处主题定为水仙花，同时纪念水仙花鼻祖张光惠。从入口广场的闽南拱门进入，顺着台阶下行或者站在观景栈道上，可观赏水塘中辞官乘舟归来的张公典故雕塑及圆山和远景。

（2）佛祖庵休闲公园

佛祖庵及周边经修缮的古厝村落作为重要的文化景点。该节点功能齐全，设置了休憩廊架、老人活动广场、儿童活动区、沿路散置健身器材等，可满足各个年龄阶段居民的休闲需求。

（3）百花公园

位于庵兜村与西环城路交接处。公园与驿站功能互补，与周边百花村互相呼应，设置了入口服务区、广场健身区、百花科普园、自行车极限运动场、儿童乐园等景观，以满足周边居民与游客休闲健身、娱乐科普的需求。

3. 配套工程

污水整治：远期与污水管道规划结合；近期利用生态净化手段对水质进行初步净化，沿线驳岸进行生态化改造。

本项目的设计和实施，立足漳州城市绿色发展底色，在城市总体规划的背景下，积极探索、统筹发展，逐步完善城市绿色健康慢行系统建设。同时，注重生态保护和修复，在设计中融入漳州本土特色“音符”，用漳州特有的地域环境、文化特色、建筑风格等文化“基因”，彰显城市地域特色及文化魅力。该工程的建设是漳州探索“生态+”发展模式，塑造出人文、生态的城市特色景观风貌的典范，有力地提升了圆山新城环境承载量和周边居民的生活品质。

图7 渔歌唱晚

长泰龙人文化村 A-09 景观工程

项目地点：
漳州市长泰县

建设单位：
福建龙人房地产开发有限公司

设计单位：
上海广亩景观设计有限公司

施工单位：
厦门深富华生态环境建设有限公司

获奖情况：
2020 年上半年世茂集团景观项目施工“金钻奖”全国第一

一、项目概况

该项目坐落于风景秀丽的漳州长泰马洋溪生态旅游区，西南至漳州市区约 25公里，东南距厦门市 30公里，地理位置优越，三面大山环抱，四周均有观赏农业区环绕。核心位置地块形状特殊，中间高，四周低，自然高差较大，坡度较陡，山景资源极为丰富。项目景观绿地面积约2.1万平方米。工程的主要内容有：高陡边坡景观营造、入口门廊、机动车生态停车位、车行道、跌瀑、艺术镜面水景、艺术雕塑、景观亭、高空休息平台、绿化种植和微地形塑造等；室外配套主要内容有：园林景观照明和夜景、园林给水排水等。

该项目以幽静怡人为目的，师法自然，归于自然，是集游玩、观赏、修身、养性、聚会等多种功能于一体的景观工程。

二、设计思路

该项目景观设计结合周边人文及环境，从《高山流水》中“挥弦一曲几曾终，历山边，高低处，调高和寡，一帘秋水月溶溶”提取琴道空间结构，清音小品构架及曲谱形态，造“清微澹远，高山流水”的居住环境。

三、工程质量保证措施

1. 严把材料关

该项目的主要硬质材料为石材。铺装材料在下料前进行电脑排版，并要求厂家按红外线精准加工、编号装箱。

绿化种植施工前，对主景树和重要节点的乔木进行现场踏勘、虚拟种植，标注出各主要苗木的高度和冠幅。

在种植土方面，对土源地土壤提取相关样品进行检测。根据检测指标混合配比土壤和肥料作为回填用土。

2. 完善的自检标准和制度

铺贴二次排版，做到无碎角、小料出现。土方做到造型自然平滑、平整，遵循先缓后急，起伏自然优美，首尾相连，坡度顺畅，层次丰富多变，无积水。苗木支撑

图1　高陡边坡景观

图2　繁星夜景

图3　深山眺望

采用生态原木和铁丝项结合，种植穴用天然树皮进行生态美化。

四、项目亮点

本项目在景观施工中最大特点的就是场地高差大，中轴线高差达到14米，进深仅30米，平均坡角达到25°。因此高陡边坡景观营造是核心施工的难点，处理方法如下：

1. 高边坡的支护和景观的结合从景观的需要出发，项目把微倾式剪力墙用于边坡的支护上

具体的施工工艺有：

（1）土方开挖工程。在测量定点放线的基础上，进行土方开挖。机械开挖到设计标高上皮200毫米处采用人工开挖，防止原生土扰动。

（2）模板和混凝土浇捣工程。重点是混凝土施工缝的处理：清除施工缝位置松动的石子，清理杂物，凿毛后用水冲洗并充分湿润，在施工缝位置进行防水处理。

2. 不均匀沉降

回填土的不均匀沉降处理：

（1）在回填土的表层布置微喷管，人工营造细雨。

（2）在土方完成面以下100厘米（渗水集中层）埋设集水暗管，并引流到排水口防止积水。

原生土和回填土之间的不均匀沉降处理：

在回填土处增设方管桩基，面层均匀布置斜面单层双向钢筋，人为控制承压平衡。

3. 防止种植土滑坡和泥石流

本项目主要采用以下两种方法：

（1）分层格挡：上下间距100厘米，设置直径8厘米的木桩基，埋深150厘米，并在木桩离上部土层20厘米处放置3厘米厚的防腐木木板做梯田式隔断。

（2）密植地被，土球相对靠近，上下采用马蹄形种植。

4 乡村景观

Rural Landscape

翔安香山“农业公园”项目规划

莆田市城厢区岭下村农民健身路建设工程（五期）

翔安香山“农业公园”项目规划

项目地点：
厦门市翔安区新店镇

建设单位：
厦门市翔安投资集团有限公司

设计单位：
厦门市城市规划设计研究院

施工单位：
福建佳园生态建设有限公司

获奖情况：
2017年福建省优秀城市规划设计奖（风景园林类）三等奖

一、规划背景

根据习近平总书记关于“提高城镇建设水平，要依托现有山水脉络等独特风光，让城市融入大自然，让居民望得见山、看得见水、记得住乡愁”的讲话精神，和市委、市政府关于“推进‘三规合一’，划定生态保护红线，明确山、水、田、城、路控制线，保障农业发展空间。依据地形地貌、自然特点、种植习惯，引导农民提升种植水平，实现区域化布局、块状化种植，打造农田景观和田园风光，提高农业综合效益，促进农民增收”（厦委发〔2014〕1号）的指示精神，结合翔安区规划和发展实际，秉持“百姓富、生态美”的目标，落实规划、生态与产业的有机衔接，着力发展都市型现代农业，着力建设美丽宜居乡村，以“生态优先、因地制宜、突出特色、协调发展”为原则，建设田园风光项目。

二、主要构思

地域特色化：延续现有山水田园风光，保留原始在地风貌，延续历史文脉，强化在地景观特色的营造。

活动差异化：以特色农产品种植、观光农业产业为依托，以火龙果、龙眼及其他有机果蔬采摘等休闲活动为卖点，吸引游客参观，形成深度体验旅游。

形态复合化：结合香山基地自身资源与特色，发展观光休闲农业、城郊旅游，将种植业与旅游业相结合，带动周边餐饮、住宿、商业发展，实现一三产业相互支撑推动，良性互动。

用地规模化：通过政府介入，向分散农户整合土地，统一流转对外出租，方便产业运营商签订长期租约，实现用地规模化和产业集约化发展。

产业生态化：坚持可持续发展原则，建立生物多样性和良性生态循环系统，旅游接待设施应与当地自然文化相协调。

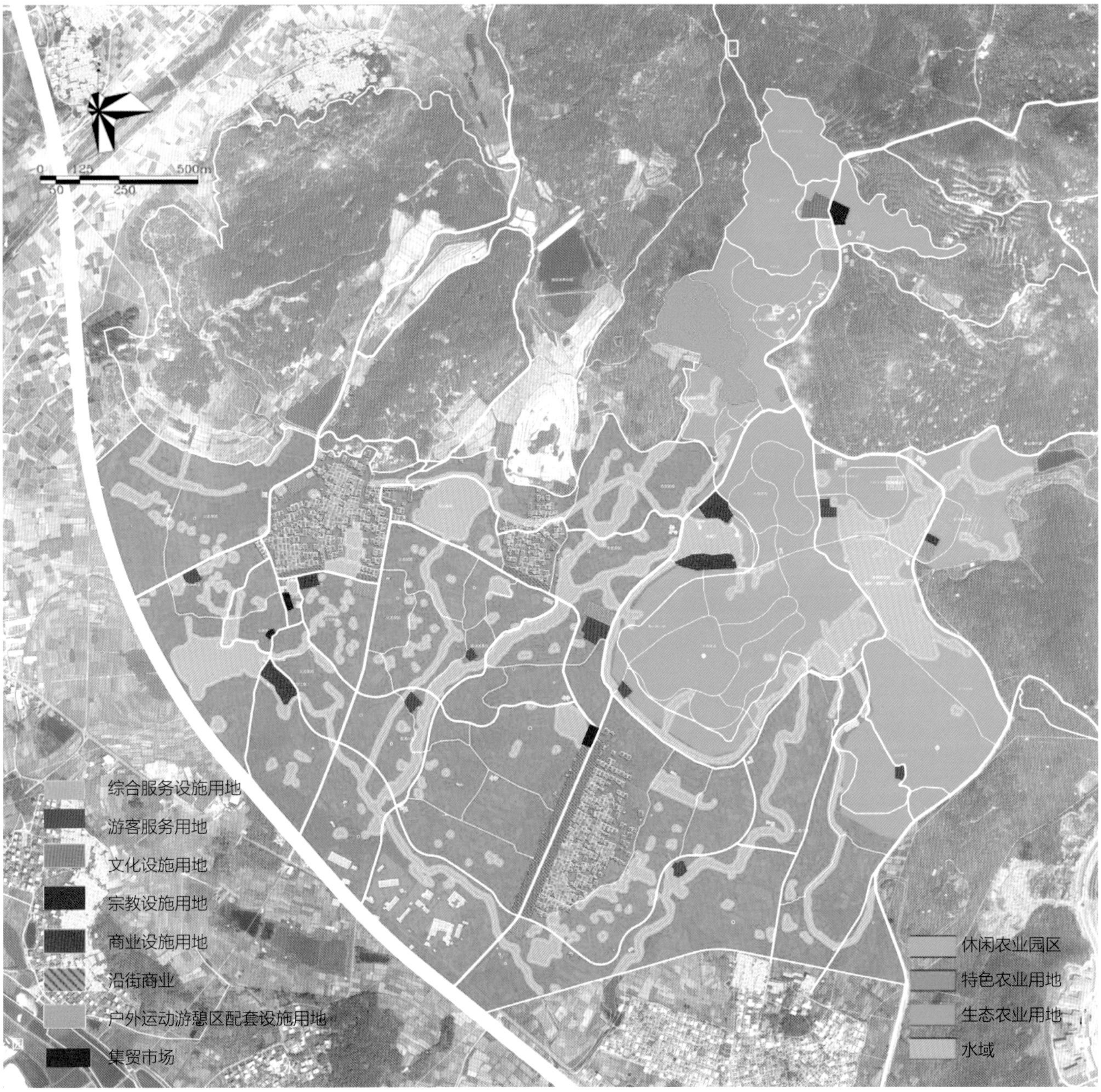

图1 用地管控规划图

异业结盟化：发展异业产业结盟的力量，整合在地旅游资源，结合住宿、餐饮、种植等产业，推出促销项目，以提升游客的旅游意愿。

三、主要内容

翔安香山农业公园选址于翔安区中部，省级香山风景名胜区周边，总体规划范围4.28平方公里。

优美的山水田园环境、特色农产品、丰富的人文资源为本区的三大特色，乐山水、享佳果、礼祖师，为本项目主题，凸显与台湾的地缘及文缘优势，发展独具特色的都市休闲农业，并形成城郊轻旅行的目的地。进一步发挥香山基地优越的区位交通条件，优美的山水格局，丰富的人文资源，提升服务配套水平，营造翔安地区重要的城市绿肺。

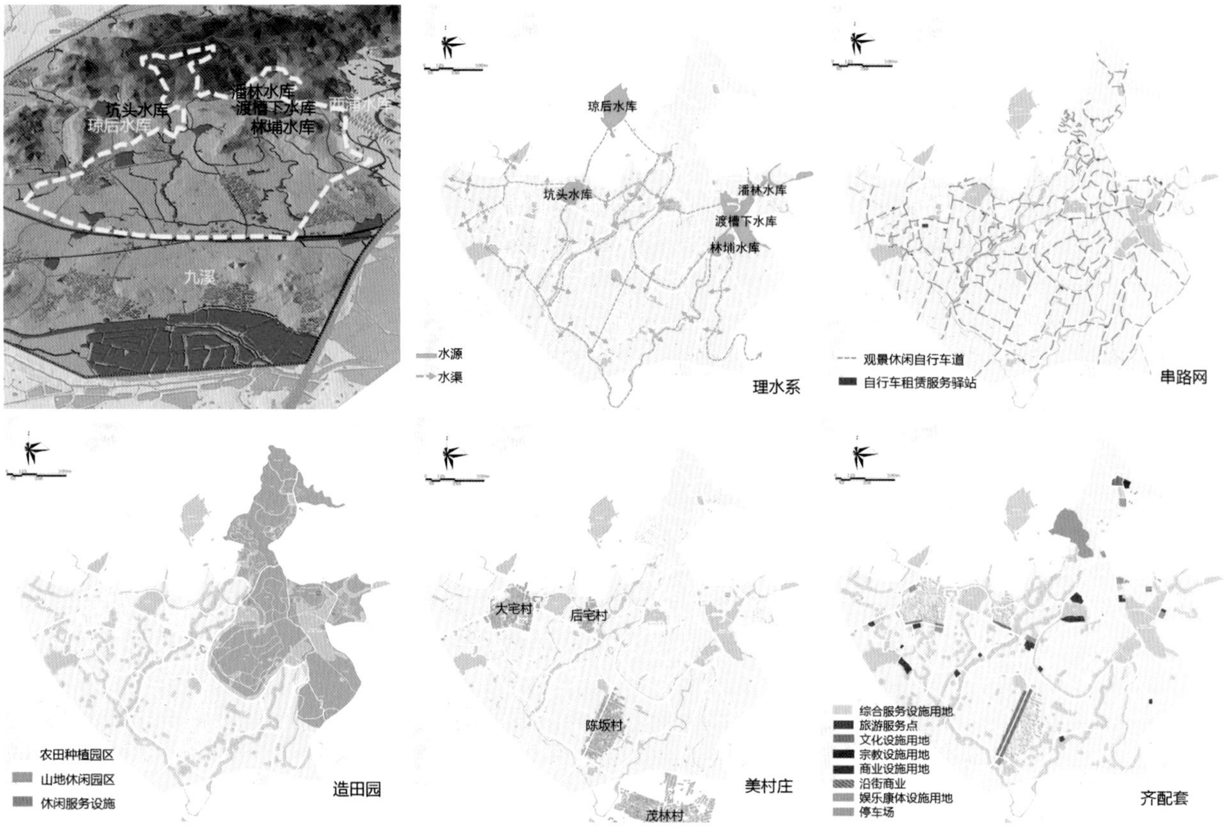

图2　规划构思图

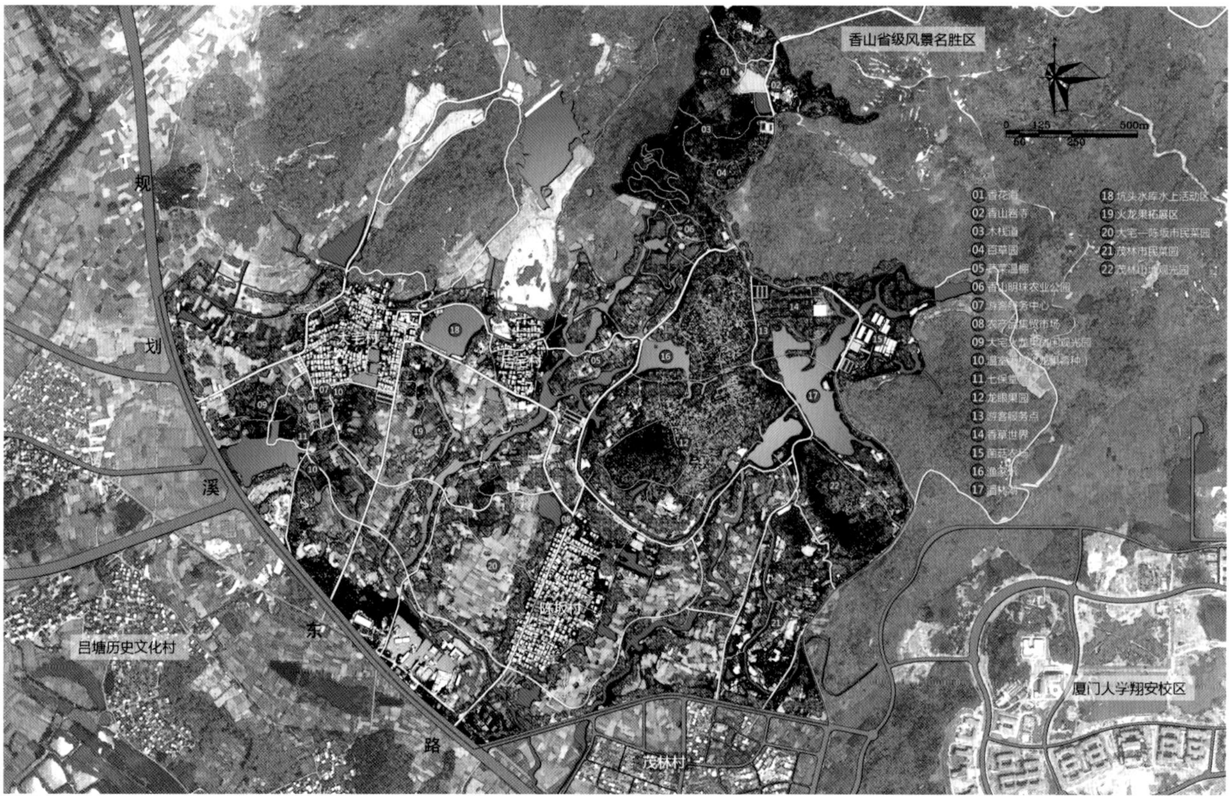

图3　规划总平面图

图 4 香月湖

图 5 香花海

规划定位：以火龙果、龙眼及其他有机果蔬采摘等休闲活动为主题；以丰富的亲山亲水休闲体验为亮点；以结合在地闽南原生态农村文化风情为特色；面向福建省主要城市以及台湾岛主要城市的都市白领、文化人士、大学生，以体会厦门历史人文传统、参与当地农业活动、接触大自然及乡间传统型社会为主要活动内容；提供2~3天的闽南特色休闲乡村旅游目的地。

以理水系、串路网、造田园、美村庄、齐配套的规划手法，将规划区划分为12个主题游览区。

在出入口和重要节点处，规划布局公共服务设施并落实服务配套设施用地，如旅游服务点、文化设施、宗教设施、商业设施、沿街商业、户外运动游憩区配套设施用地、集贸市场（大宅村、陈坂村）、停车场等。

将原有乡道、村道，原有防火道路连通梳理，构建环行慢行道迴路，形成田园生态型景观慢行系统；打造连续、完整的景观性休闲农业绿廊，将特色农业与休闲农业布局相结合，因山就势，有机结合；在保障农林用地空间布局的同时，制定规划区内商品林地、一般农田及村庄用地管控准则。

同时规划还提出对农业灌溉系统、农业面源污染及农村生活污染治理的管控要求。

四、规划特色

1. 让人们“望得见山，看得见水，记得住乡愁”，保护山体，梳理现状水系，引导农民提升火龙果特色农业产品种植水平，规划整治村容村貌，打造乡土气息浓郁的田园风光景区。

2. “百姓富，生态美”，规划田园风光，带动旅游业发展，把收益的主体留给当地百姓，策划美丽乡村建设，提高百姓积极性，共同参与，共同缔造。

五、实施情况

在本规划指引下，大宅村开展美丽乡村建设工作，修整片区主路，建设游客服务中心，铺设慢行道，建设停车场、自行车驿站等设施，改造建设渔家乐，引种火龙果紫肉品种，开发花茶等延伸产品，现种植面积已由规划初期的700亩拓展至1200亩，每亩年产可达2.8万斤，成为全国种植规模最大的火龙果园区。同时通过农业带动旅游业，打出知名度，截至2016年，按村庄每人种植5亩计算，年收入高达49万元。2018年大宅村入选厦门乡村振兴首批试点村，2018年启动美丽乡村升级版整治提升工程，2019年入围福建省最美乡村。

莆田市城厢区岭下村农民健身路建设工程（五期）

项目地点：
莆田市城厢区常太镇

建设单位：
城厢区常太镇岭下村民委员会

设计单位：
福建泛亚远景环境设计工程有限公司

施工单位：
中交建宏峰集团有限公司

获奖情况：
2016年度福建省“闽江杯”园林景观优质工程奖

一、项目概况

莆田市城厢区岭下村农民健身路建设工程（五期），主要建设内容包括：景观绿化、建筑小品、主题雕塑、沿湖会所、市民休闲广场、晨练广场、观赏亭台、公厕、亲水景观台、园区道路和休闲健身步道、公园配套用房以及水电管网等。项目合同工期120天，开工日期2015年9月16日，2016年1月15日通过了竣工验收。该项目的建设不仅美化了岭下村自然环境，还是建设社会主义新农村，让广大人民群众共享改革发展成果，提升群众幸福指数的好项目。

二、设计理念、施工技术特点及工艺创新

1. 园路及透水砖路面：设计采用石材地砖，考虑露天及山区气候影响，采用耐磨、耐腐蚀性较好的大理石铺砌。在施工过程中，采用成熟先进的施工工艺，挑选经验丰富的工匠师傅，严格按照施工工艺流程，使铺砖拼缝密实，无扭曲，无空鼓、塌陷，石材无掉角、错台，勾缝严实，外观整洁大方。

2. 木栈道：采用防腐木为主材料，顺山势起伏，与自然完美融合，成景自然美观。主体色泽一致，平面整齐无凹凸、无裂纹。

3. 鹅卵石园路：卵石大小均匀、色彩鲜明，平面铺设均匀、色彩搭设合理。施工中精益求精，严格遴选石材，对颜色、石材大小严格控制，施工中砂浆饱满，卵石嵌入深度恰到好处。

4. 亭子：采用整洁美观的木质结构，东南地区特色八角亭造型，外形独特美观。建成后无掉漆，色彩均匀，座椅板材安装牢固，立柱垂直，装饰线条流畅顺直，外观美观大方、别具一格。

5. 园路踏步：园路踏步顺势而为，设计上既考虑了景观效果，同时也考虑了行走梯面无扭曲、踏面内侧无积水、踏面倒角无掉角、踏步高差均匀无明显高差、抗滑效果好。

图 1 岭下村山景

图 2 园路铺装

图 3 棋趣小品

图 4 碧水小桥

图 5 仿木栅栏

图 6 亲水景观台

6. 景观桥：设计合理，走向顺地势及河流自然起伏，弧度顺畅，栏杆间距均匀，主构件顺直，构思新颖、独具匠心。

7. 仿木栅栏：设计因地制宜。因项目处于乡村地带，为节约施工成本及提高耐久性，栅栏在设计上采用仿木材质，既保证了外观效果，又大大节约了施工成本。施工完成后，仿木结构形象逼真，高低一致，错落有序，线形顺畅。

5 风景名胜
Scenic Spot

福建省风景名胜区体系规划

项目地点：
福建省域

设计单位：
福建省城乡规划设计研究院

获奖情况：
2007年度省级优秀城市规划设计奖一等奖
2007年度全国优秀城乡规划设计奖二等奖

一、规划背景

改革开放以来，国家及省、市各级政府非常重视福建省风景名胜区的发展。从1982年至今，全省已发展国家级风景名胜区19处，省级风景名胜区35处。风景名胜区对全省的环境保护、旅游发展和拉动地方经济起到了积极的推动作用，特别是对福建省旅游业的持续发展贡献显著。然而，在发展的过程中，风景名胜事业也面临着各种问题和挑战，全省风景名胜事业迫切需要一个省域层面的宏观规划进行科学指导，编制全省风景名胜区体系规划工作由此展开。

二、规划构思

规划依据风景资源的类型情况，将全省风景名胜资源划分为：山岳峡谷、岩溶洞穴、江河湖瀑泉、滨海、人文胜迹共五大主导类型。制定了全面保护、品牌发展、重视生态、突出特色、统筹整合的全省风景名胜区体系发展战略。提出了把福建省建设成全国风景名胜大省、东部风景名胜区事业发展强省、国内遗产保护典范、海峡西岸世界级旅游目的地的战略发展目标，以及全面建立山海协作，培育风景名胜区重点品牌，提高保护、监管、配套设施建设管理水平的具体目标。确定了风景名胜区设立及升级的发展框架和以重点旅游城市及重点风景名胜区为发展核心，以高速公路为重点发展脉络，参照行政区划形成“两带、六核、五区、五线”的全省风景名胜区体系规划空间格局。在此基础上以全局及体系化的眼光对全省各重点风景名胜区的规划及建设提出了宏观指导性要求。

三、主要内容

1. 风景区整体资源特色

福建依山傍海、林木葱郁、山光水色、气候温湿，境内丹霞、花岗岩、岩溶、火山熔岩、海岸、溪湖地貌一应俱全，丹崖碧水天下独绝，山海一体气象万千，朝圣拜谒信仰广泛，自然景观奇秀甲东南，人文景观多元而独特。

图 1 福建省风景名胜区风光（德化九仙山 拍摄：陈建敏；福州金山寺 拍摄：陈建宇）

2. 规划目标

充分发挥世界遗产、国家遗产、国家级风景区以及具有浓郁地域特色的朱子文化、海丝文化、妈祖文化等文化资源优势，以国内一流的生态环境为基础，构建资源类型齐全，特色鲜明，功能完善，设施完备，区域联系紧密，生态环境优越，管理有序的全省风景区体系，使福建省风景名胜资源优势充分转化成生态、经济、社会综合效益优势，把福建省建设成我国东部风景名胜区事业发展强省，使福建省成为国内遗产保护典范，使海峡西岸成为世界级旅游目的地。

3. 体系规划空间格局

以资源空间分布为出发点，以重点旅游城市及重点风景区为发展核心，以高速公路为重点发展脉络，参照现状行政区划形成“两带、七核、五区、五线”的全省风景区体系规划空间格局。

4. 分区规划

闽北：由武夷山、泰宁金湖、将乐玉华洞共同构成的“山、湖、洞”大武夷金三角。

闽南：形成泉州市风景名胜空间格局和由厦门鼓浪屿—万石山、金门岛、漳浦前亭古雷海湾等组成的厦门周边风景名胜组合环。

闽东：由福鼎太姥山、宁德三都澳、福安白云山等组成闽东东线风景名胜组合环和由古田翠屏湖、屏南鸳鸯溪、周宁九龙漈等组成闽东西线风景名胜组合环。

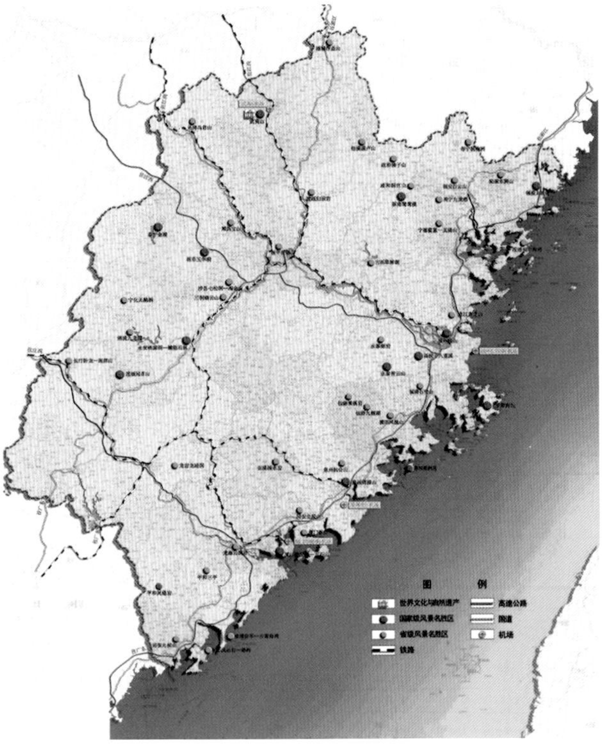

图 2　福建风景名胜区分布示意图

闽中：由福州历史文化名城、鼓山、闽江中下游、永泰青云山、平潭海坛岛等构成环福州“江、海、山、城”一体的风景名胜组合环。

闽西：由连城冠豸山、福建土楼、龙岩龙硿洞等构成闽西“山、湖、洞、楼”风景名胜组合环。

5. 保护利用区划

全省风景区按其保护利用方式可分成两个大区：

（1）福州市、莆田市、泉州市、厦门市、漳州市为中心的闽东南沿海地区主要职能是自然及人文观光、休闲度假，是研究海蚀、花岗岩地貌，闽南文化的重要地区；

（2）闽东和闽西北山区主要职能为自然观光及资源保护，是自然景观与生态保育高度融合的国家级典范，是研究丹霞地貌及生态科学的重要地区，保护资源是这些地区风景区持续发展的根本。

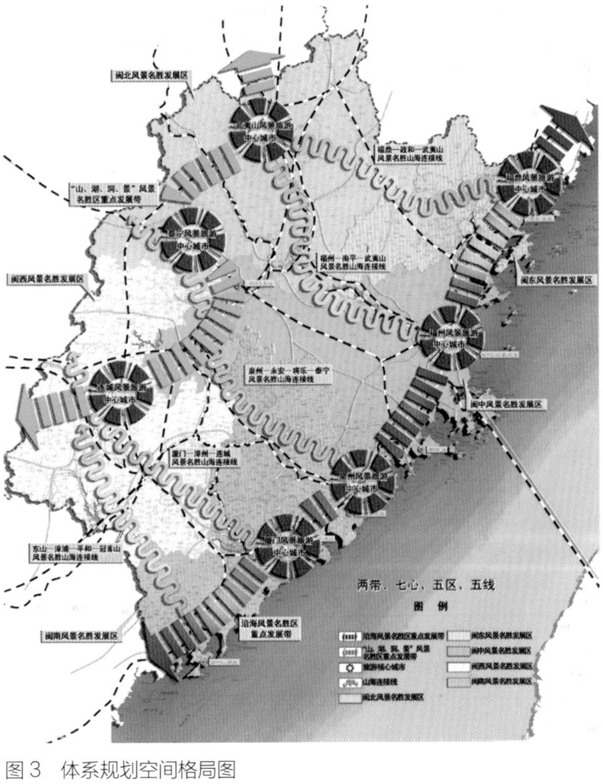

图 3　体系规划空间格局图

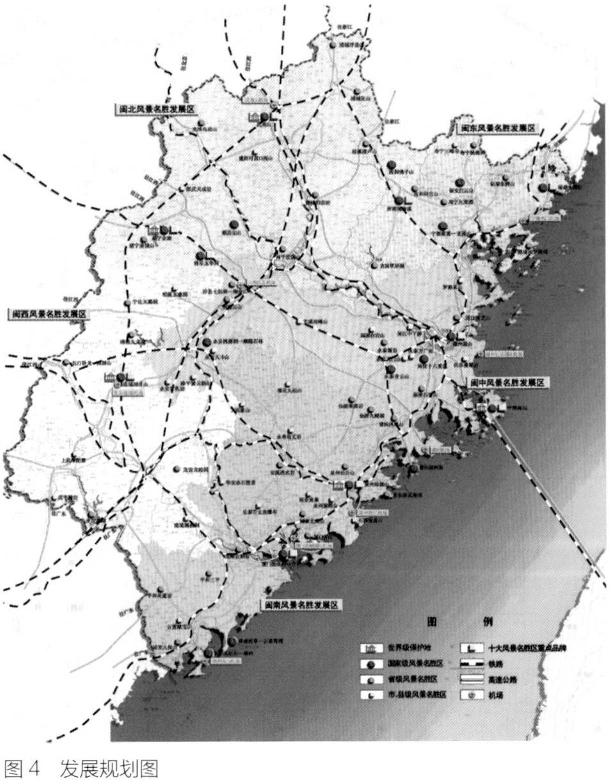

图 4　发展规划图

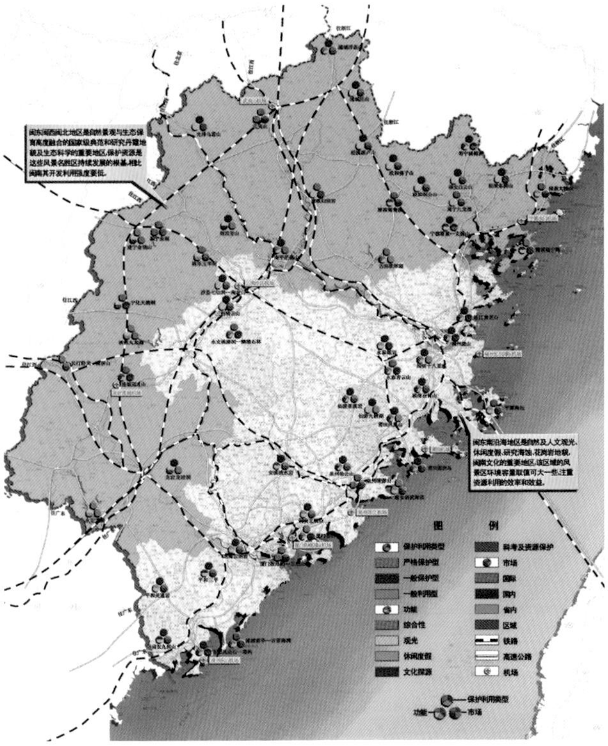

图5 保护利用规划图

四、创新与特色

在风景名胜区体系规划尚无编制办法规定，可参考资料较少的情况下，规划设计人员进行了大量调研，对规划工作进行了诸多探索，通过各种形式的研讨论证，不断修正完善规划，也赋予规划一定的创新与特色，具体如下：

1. 本规划是中国东部地区最早完成的省级风景名胜区体系规划，规划以推动海峡西岸经济区建设为宗旨，相比西部个别省份的同类规划，对经济发达地区在经济高速发展过程中如何抢救性保护风景名胜资源，摆正经济发展与资源保护利用关系，充分发挥风景名胜区的综合效益，新形势下建立新的风景名胜区经营管理模式等方面做了有益的探索，对经济发达省份进行风景名胜区体系规划编制工作有一定的借鉴意义。

2. 规划编制过程中对全省风景名胜区资源进行了全面的摸底调查，形成了福建省第一份系统完整的省域层面风景名胜区基础情况调研报告。

3. 首次把福建省风景名胜区作为一个独立的群体，对其资源特色进行了全面系统科学的归纳总结，筛选出最能代表福建风景名胜区资源特色，具有世界遗产、国家遗产保护意义的资产清单。

4. 规划紧紧跟踪最新的政策法规，关注社会各种新的发展变化，采用新的统计资料和研究成果，使规划具备较强的时效性。它是我国第一个按国务院新出台的《风景名胜区条例》的要求和内容编制的全省风景名胜区体系规划。对于林权制度改革，旅游由观光阶段过渡到休闲度假阶段，人们出行交通方式改变等社会变革对风景名胜区带来的影响做了充分考虑，提出了许多前瞻性对策。

5. 积极探索规划的地域特色，体现规划的针对性。规划做到与福建省社会经济发展、生态省建设、海洋经济强省建设、城镇体系规划和重大基础设施专项规划等相衔接，突出风景名胜区在海峡西岸经济区发展中的优势和特色。针对风景名胜区是福建旅游最主要的目的地的特点，首次在省域风景名胜区体系规划中加入了独立成章的游赏规划内容，在普遍强调保护风景名胜区的同时，倡导风景名胜区的永续利用。针对福建风景名胜区文化内涵深厚的特点，首次在风景名胜区支撑体系规划中加入文态支撑体系规划内容。

6. 规划内容丰富，既占据了一定的理论高度，突出宏观层面的指导，又有中观层面的具体落实。规划主体内容之前，出具了“福建省风景名胜资源现状及评价、福建省风景名胜区发展战略、福建省风景名胜区相关政策咨询研究”三大专题研究报告，为科学规划奠定了坚实的理论基础。而在确定省域层面规划框架之后，还以全局性的眼光对各个重点风景名胜区保护利用提出了具体要求，以保证规划理念的有效贯彻，体现规划的延续性。

五、实施情况说明

规划于2006年12月18日由福建省建设厅主持召开技术鉴定会通过，2007年年底提交正式成果并批复，该规划已开始实施。全省风景名胜区的保护恢复和环境整治工作也已全面展开，部分风景名胜区已按照规划中建议的环境容量进行游人规模的调控。规划中确定的重点培育的风景名胜区得到了高度重视，详细规划、专项规划等工作正紧锣密鼓进行中。同时，体系规划作为福建省风景名胜区事业发展的重要成果，参加了中国风景名胜区25周年综合成就展。

武夷山国家级风景名胜区总体规划（修编）

项目地点：
南平市武夷山

设计单位：
福建省城乡规划设计研究院

获奖情况：
2015年度省级优秀城乡规划设计奖（风景园林类）一等奖

一、规划背景

奇秀甲东南的武夷山风景名胜区是1982年国务院公布的第一批国家重点风景名胜区，1999年被联合国教科文组织列入世界文化与自然双重遗产名录，为加强武夷山风景名胜区管理的科学性和连续性，统筹武夷山资源保护、旅游发展和周边社区之间的关系，特编制《武夷山风景名胜区总体规划（修编）（2011—2035年）》。

二、规划构思

规划通过现场勘察、座谈访问以及文献收集，对风景区内的风景资源进行了一次全面的梳理，以国家级风景名胜区保护和管理要求为基础，重视不同规划期发展目标的兼顾及协调；重视武夷山与市域及外部环境的关系；解决由于外部环境的改变对风景区提出的扩充景区、景点容量的要求。保护武夷山的风景资源及环境质量，保护武夷山的森林植被，保护丰富的人文景观和历史文化遗存。统筹协调各景区的功能，充分挖掘历史文化景点，创造丰富多彩的武夷文化，注重突出地方特色。旅游接待以武夷山国家旅游度假区为基地，提高各项服务接待设施的档次；以步行为主，车船交通为辅的方式组织景区游览，使武夷山风景区风景资源能够得到严格保护、统一管理、合理开发、永续利用。

三、主要内容

规划风景区由武夷山主景区（64平方公里）、武夷山国家旅游度假区（10.5平方公里）和城村景区组成（4.5平方公里），总面积为79平方公里。其中武夷山主景区包括武夷宫景区、九曲溪景区、云窝—天游—桃源洞景区、溪南景区、山北景区五个景区组成。

风景区规划主要景点97处，其中新增景点18处。划定核心景区范围包括三仰峰北侧至莲花峰南侧、白云岩至幔亭峰、楼阁岩至天星山庄之间的山体水体以及武夷精舍、武夷宫、遇林亭、城村村、古汉城遗址等史迹遗址及周边

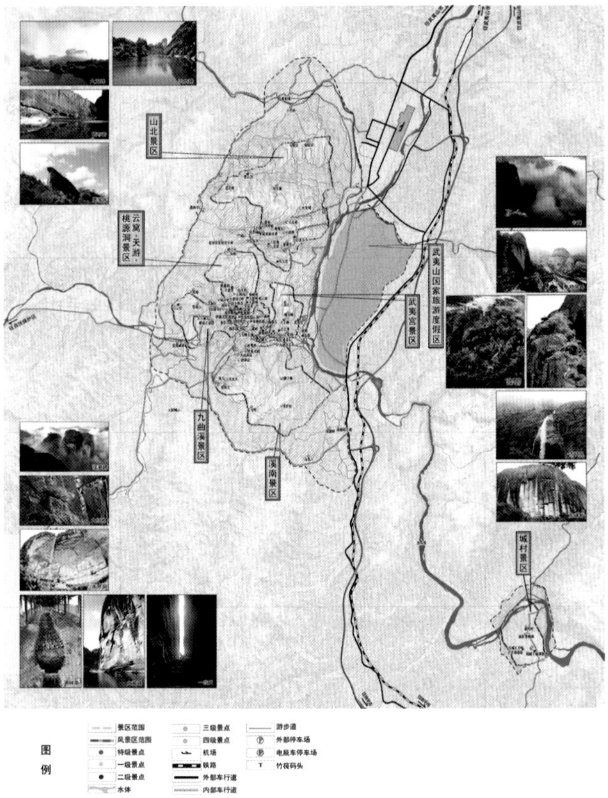

图 1 资源评价图

环境，总面积2154.91公顷。风景区日游人容量为28500人次/日；极限容量为35000人次/日；年游人容量为850万人次/年。规划根据风景资源保护价值，分为特级、一级、二级和三级，共四级保护，并针对不同类型和级别采取不同的保护措施。同时制定古树名木保护、文化遗产保护、生态环境和生物多样性保护等专项规划。

四、创新与特色

总体规划是风景名胜区资源保护、发展建设及管理工作的规范和依据。规划从实际出发，在武夷山风景名胜区资源保护与利用等方面明确具体管理措施，突出强制性内容，具有可操作性，并在规划现场调研、理论依据、技术手段和实施管理等方面大胆创新，主要包括：

1. 风景名胜区与双世遗保护管理要求的协调

考虑武夷山风景区作为全省最重要的旅游景区，是武夷山世界双遗产地的重要组成部分，规划在满足国家级风景名胜区的保护管理要求的同时，在风景资源普查、科学价值研究、旅游服务设施和保护管理体系建设等方面有效结合和融入双世遗标准和要求。

图 2 武夷山风景名胜区风光

图3 九曲溪

图4 地方特色文化景观

2. 目标体系的建立

不同于传统的问题指向型体系，本次规划是问题指向型和目标指向型相结合的综合体系规划。即不仅立足于处理和解决武夷山风景名胜区存在的问题和景区保护所面临的威胁，还结合世界遗产应达到的理想状态，参考了美国国家公园战略规划中的目标体系制定高标准的保护利用要求。体系在时间上分为无期限目标、长期目标和近期目标三个层次；在内容上分为资源与环境保护、游客管理、社区管理与多方合作和组织效率四个方面。随着规划时间与现状的逐步接近，对目标内容的描述趋于具体和量化。规划目标体系的建立，使目标和时间建立联系，并将近期目标具体量化，在实际执行过程中发挥明确的指导作用，从而极大地增强了规划的可操作性。

3. 合理划定风景区和核心景区范围

为了加强对风景资源的有效保护，满足世界遗产的保护管理要求，协调城市、景区发展，加强九曲溪上游水源地的保护，规划局部调整风景名胜区范围界线，协调城市、度假区，并在确定风景资源合理保护及与世界遗产保护分区相协调的情况下，重新确定核心景区范围，严格规定保护的要求。

4. 游客体验管理及时空分布控制

武夷山风景区受现状地形和交通条件的限制，造成主景区和精华景点人满为患，且难以分流至冷门景区。规划通过缆车方案分解云窝—天游—桃源洞景区的人流压力，拓展山北景区游览线路，打破了山北景区的交通瓶颈，减轻主景区的压力。同时加强游客体验管理，制定风景区和重要景区、景点极限容量，控制高峰期风景区的游客容量。

5. 文化遗产的保护及展示

弘扬武夷山古越族文化、南宋理学、岩茶文化和道释文化，展示其文化内容，形成具有地方特色的文化景观，加强解说展示系统和数字景区建设，设置内容丰富的博物馆，展示风景名胜区的文化内涵和科学研究成果，将纯粹的观光游转变为科普文化旅游，提升游览的品位和内涵。同时深度挖掘武夷山文化的增值项目，如“印象大红袍”

等，采用各种科学的、创意的方式将文化资源展示给游客和公众，使他们能够充分理解和欣赏地域文化特质，有助于文化资源的保护和传承。

6. 城市发展协调与外围保护地带的控制

在风景名胜区外考虑到水系、森林、视域、生态廊道、物种交流及保护和旅游配套等因素，设立外围保护地带，加强九曲溪上游生态保护区的控制，强化城景协调，吸收外围保护地带相关规划的成果，并提出相应的协调、衔接要求，对各种类型的用地提出强制性和指导性的要求，提出不同的管理和保护措施，由武夷山世界遗产办公室统一管理外围保护地带的规划，协调外围保护地带的各方利益，并牵头建立外围保护地带的协商议事机制，强化外围保护地带的控制力度。

7. 茶产业的调控及茶文化的展示

武夷岩茶（大红袍）制作技艺列入首批国家级非物质文化遗产名录，其茶文化内涵应在风景游赏中得到展示，但随着茶地开垦逐年上升，部分敏感区域植被进一步退化、水土流失加剧、群落生物多样性下降以及景观构造简单化。

本次规划在林业小班图的基础上，认真分析普查数据，包括位置、树龄、品质、景观视线等，针对每块茶地提出“退、控、改”等控制措施。其中退茶还林面积145.25公顷、控制区面积73.91公顷、改造区面积986.19公顷。同时加强生态茶园的建设（茶林间作模式），防止水土流失。走上景区资源环境保护和茶产业发展、茶文化传承的可持续发展之路。

8. 社区建设及调控，引导经济发展

在保护风景资源与环境的前提下，利用风景旅游的优势条件，积极探索地区经济的发展途径。结合对居民点的产业结构调整，促进其基础设施与风貌建设，逐步发展成为特色民俗旅游村。

9. 理顺管理体制，强化统一管理

加强风景名胜区管理机构的行政管理职能，建议升格

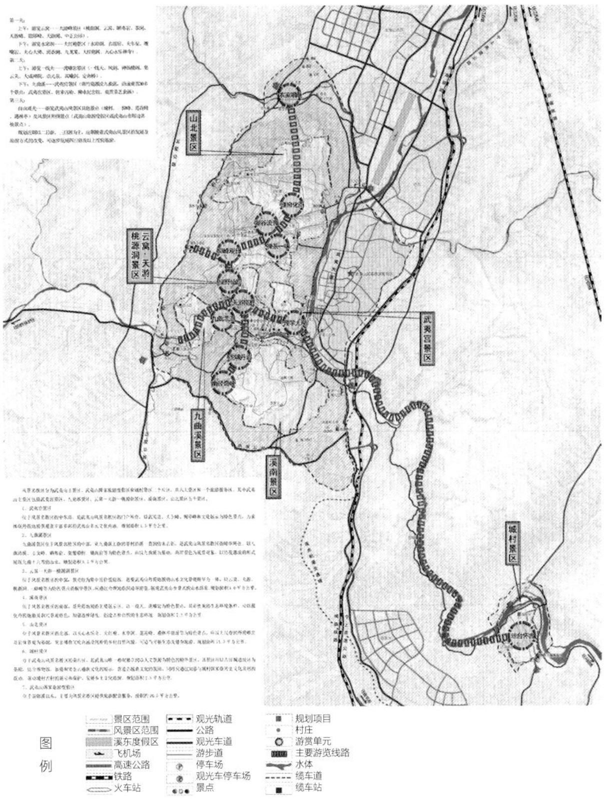

图5 观赏规划图

武夷山风景名胜区管委会级别、增加编制等。为进一步理顺景区管理体制，更好地保护管理好景区资源，根据《福建省武夷山世界文化和自然遗产保护条例》，在武夷山世界遗产管理委员会的统一领导下，实行主景区和城村景区分工管理。

五、实施情况说明

规划于2013年9月13日由福建省住房和城乡建设厅主持评审通过并上报国务院，对风景区保护和管理建设工作起到了很好的指导作用。目前，风景区正依据总体规划进行茶园控制、林地与水源保护、星村镇居民调控、数字景区和南入口配套设施建设等保护和建设工作。

塘屿岛—海坛天神景区保护和开发利用规划（2015—2030）

项目地点：
福建省平潭岛

建设单位：
平潭综合实验区规划局

设计单位：
福州市规划设计研究院

获奖情况：
2017年度省级优秀城乡规划设计奖（风景园林类）一等奖

一、规划背景与编制意义

塘屿岛，位于平潭综合实验区南侧海域，隶属南海乡管辖，规划区总面积约9.39平方公里，其中陆域面积5.19平方公里，海域面积4.20平方公里。全岛已纳入国家级风景名胜区内，是平潭打造国际旅游岛的重要组成部分。本规划与海坛风景名胜区总体规划同期编制，从独特的资源条件与自然地理环境出发，实事求是地探索生态文明背景下，国家级风景名胜区在保护与发展之间的平衡策略，为平潭综合实验区创建国际旅游岛贡献智慧，为海坛风景名胜区资源保护划定底线，也为相似的自然保护地提供借鉴。

二、规划构思与主要内容介绍

重在保护好规划区敏感的自然生态环境与优良的风景名胜资源，并合理利用，科学发展。本规划为研究类项目，旨在为下一步的详细设计工作提供前期研究依据。

规划区内景观资源丰富，花岗岩海蚀地貌尤其突出，或虎踞龙盘、迎风呼啸，或沟壑纵横、岁月沧桑。此外石墙红顶的传统石厝村落掩映在海天一色的大环境内，依势错落、别具风貌，堪称“红顶圣托里尼”。区内最著名的奇观当属平卧南端的天神巨石，既是大自然的鬼斧神工，更是盛名远播的美丽传说和神奇福音，令人神往。

规划拟定了“保护培育”和“利用发展”两条技术主线，在深入调研、充分掌握规划区内各类风景名胜资源和自然地理环境特点的基础上，提出了“生态环境”“景观资源”“文化遗存”三位一体的保护培育内容体系，为此明确了“海、沙、石、林、草、田、村”七类保护对象，并为各类保护对象和保护要素划定保护范围，制定保护培育办法，制作保护培育图则。在此基础上，构建防风林体系，梳理岸线码头功能，极力保护和改善岛上的生态环境，保护村民现有的生产、生活方式。

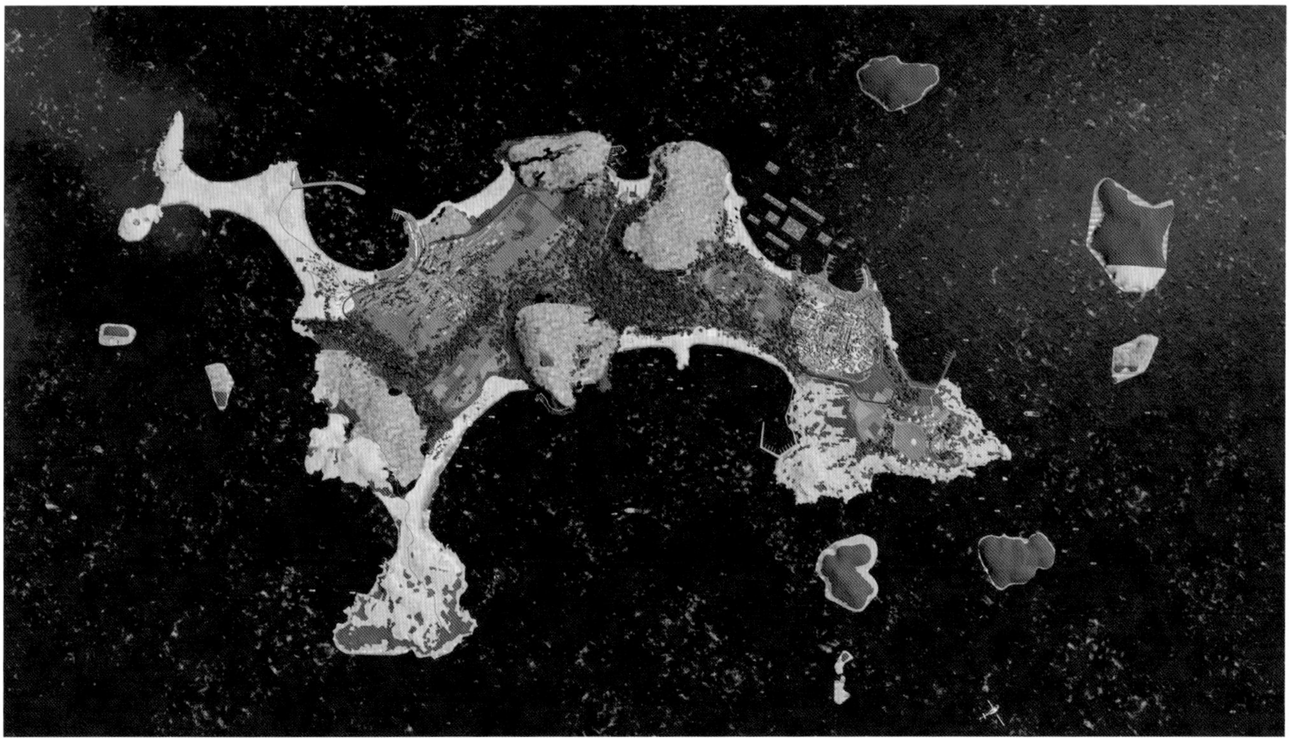

图 1 总体鸟瞰平面图

图 2 总体鸟瞰图

在保护性利用上，主动协调与主岛之间的关系及与其他离岛群之间的关系，在广泛借鉴相似岛屿发展案例的基础上，根据规划区的资源特点，提出“心灵度假岛”的规划目标和“排他、猎奇”两大发展策略，以感受大自然力量的“气质”景区塑造、彰显“红顶石厝”风貌的村庄整治和情境代入的天神“嗣福文化”培育为三大抓手，将“心

图 3 北楼渔风

图 4 北楼大广场

图 5 北楼街道

图 6 南中小鸟瞰图

图 7 南中街道

图 8 海坛馆

灵度假”作为体验精髓，组织“觅仙踪、寻天神”和“修心境、侯佳音”两条不同主题线路。游人到此，可放空、可忘怀、可冥想、可静心。规划统筹考量全岛的风景游赏空间，遵循国家级风景名胜区修建性详细规划编制要求，统一安排景点系统、游览设施、管理服务设施和其他配套服务设施，依托贯穿全岛的环路和慢道骨架，结合水上游览，以海坛天神形成的美丽传说与嗣福文化为魂，形成“一座海天神、两个风情村、三条寻踪路、四处天人境”的空间结构。

海波涌浪，磐石如画，结合总体布局，全岛分为北楼渔风 、乐享南中、天神嗣福、风关听愿、仙石渔歌、琼阁观澜六大景观分区，打造“一岛承百千年传说，一神汇人世间福愿”的精华形象。

北楼渔风：红瓦白石，碧海蓝天，石巷百转，渔网千张，北楼风情，在于原真，游船到港，漫步街巷，落脚民宿，体验渔风，食驿娱购，海产美食，无一不足。东侧沙滩宽广，绿林葱郁，有家庭式度假营地扎设，日浴海风，夜宿星辰，惬意难忘。

乐享南中：南中村天然的完美布局和建筑形式，是作为乡土化乐活街区的蓝本，码头与游览主街的热闹熙攘、

图 9 听愿楼

图 10 风关地貌

图 11 度假区

院落式的家庭民宿、幽静封闭的创意会所、思绪飞扬的海岛艺术聚落，穿插着林带，串联着巷道，互为动静，玩味非凡。

天神嗣福：天神静卧，蛮腰金滩，主客一家，共享胜景，从南中到海坛天神，一路朝圣，看晨曦晚霞、明月繁星，玩沙滩篝火，踏浪放歌，感天神灵验，福愿众生，叹时光顿滞，亘古不变，以最简单的方式最有效地展现自然的极致魅力。

风关听愿：棋盘山下，此一风关，可净心灵，可听福音。自然咆哮，如狮吼、如棒喝，如穿梭幻境，盘膝木台，冥心清欲，暂时让灵魂出窍，涤荡九霄。西有最高峰南寨山，相传为天神落凡始处，圆石巨润，色如裂帛，登上峰顶高台，观海揽胜，穿林越峰，目极神石，喃喃福音随风入耳。

仙石渔歌：夕阳晚照，浪抚潮沙，归帆点点，海岸渔家灯火渐明，潮声夹杂着觥筹欢声，宴歌阵阵，沿栈道夜登石峦，明月照影，渐行渐远，忽见双峦夹谷，形成一隅幽径的峡湾风景，沙滩料理，海鲜餐厅，峡湾旅栈，海岩栈道，浪涌情湾，编织出一处浪漫的游憩胜地。

琼阁观澜：北角之巅，可望麒麟，北楼山上的沙龙式度假区，把自然的力量和美丽融入建筑中，视野和舒适与岩海共生一体，形成岛上重要的服务配套功能。

经过上述保护、利用与发展的整体考量，规划为塘屿岛海坛天神景区描绘了一张发展蓝图，在这张总图上，游人将体会一方原汁原味的海岛生产、生活方式，领略一幅质朴气息、清新风味的美妙画卷，感悟一段放空心灵、身心投入的难忘旅程。

三、规划应用情况

在规划的指导下，景区及周边已开展村庄环境整治、上岛码头整治、防风林带培育等相关建设项目的具体设计工作。

四、本项目的创新点

1. 创造性地在风景名胜区的总体规划与修建性详细设计之间，增加一个“保护与利用规划研究”的工作阶段，避免风景区总规与详规之间跨度过大而造成的规划反复修编、总体规划指导意义偏弱等弊病，起到承“总”启“详”的重要作用。

2. 改变了重建设项目空间布局，轻视保护培育空间要求的传统技术思路，在明确和落实保障了各类保护对象的保育空间布局的基础上开展其他建设项目的详细设计。

3. 本次规划深入挖掘北楼村和南中村独有的海岛红顶石厝风貌，提升其景源级别，结合其周边的自然地理环境和海洋文化遗存，让海坛风景名胜区再添一份宝贵资产，同时高度提炼相关设计要素，融入本次的具体设计方案之中。

4. 本项目采用无人机遥测技术和Lumion虚拟现实平台，还原场景真实的地形地貌和气候环境条件，采用虚拟与现实交错对比的方式对设计进行全过程指导和成果展示。

6 历史人文
Historical Humanities

漳州南山文化生态园景观设计

项目地点：
漳州市高新产业开发区

建设单位：
漳州城投建工集团有限公司

设计单位：
中国城市建设研究院无界景观工作室
漳州市城市规划设计研究院

施工单位：
漳州市建筑工程有限公司

获奖情况：
2017年度省级优秀城乡规划设计奖（风景园林类）三等奖

一、项目背景

南山文化生态园属于漳州圆山新城西部组团，周边为规划居住、商业服务设施和文化设施用地。项目地点位于漳州市九龙江西溪南岸，与漳州老城隔江相对，项目红线范围内总用地面积53公顷，包括现状水域8.33公顷，山体9.23公顷。

场地内的南山与丹霞山是漳州古城历史轴线上的重要节点，与漳州老城隔江相望，古有“南山秋色”“朝丹慕霞”二景。这里是漳州市区的南大门，也是漳州工业的发源地，原有面粉厂、油脂厂、制药厂、香料厂、漂染厂、木材厂、电厂等，俗称“十三厂”，曾是漳州最繁华的区域。由于城市功能与规划变迁，这里成了被遗忘的角落——两山被割裂、湖水污浊、厂房闲置、违建林立……

南山文化生态园设计尝试通过统筹绿色基础设施和文化基础设施，以景观为“媒介”，联系自然山水环境、历史文化与市民生活，使城市公共空间重新焕发生机，并赋予其持续生长的活力。

二、设计构思

通过对场地现状和历史文化分析，以“千年文化、一脉相承”为目标，以绿道作为主要脉络，整合山、江、湖、田、寺、城，营造“碧水环青山，花海拥古刹，登高望古城，乐活享南山”的自然诗意人文风光。重新联系被割裂的两山，修复受破坏的山体，恢复湿地系统；同时延续古城轴线，再现漳州古景，保护恢复古寺庙及古驿站，尊重场地肌理，修补城市公共空间，将文化与自然景观有机结合，承载休闲交往、科普教育、体育健身等复合功能。

规划的绿道将加强南山文化园与周边规划建设的博物馆等公共服务建筑、文化商业街、高新科技双创基地、物联网产业园等的良性互动，通过环境提升带来生态、社会、经济综合效益，促进历史和当代的无缝衔接，物质空间环境和社会文化环境的“双修”发展，推动南山片区的转型“新生”，打造漳州新兴现代服务业集聚区。

图1 设计总平面图

三、设计特色

1. 绿色基础设施建设：碧水环青山，再现“南山秋色”“朝丹慕霞”。

南山和丹霞山本为连峰的两山，目前被山谷间的村落所割裂。未来村落迁出，结合公园建设进行山体修复，营造植物景观，并以绿道联系两山。在山脚下结合现状池塘等梳理水系，截污清淤改善水质，营造南湖湿地，重塑山水相融的生态湿地景色。

“南山秋色”是漳州古八景之一，元朝林广发诗曰：“翘首城南土，悠然见此山。竹藏秋雨暗，松度晚风寒。佳色催黄菊，晴光上翠峦。”配植竹林、秋菊以及秋色叶植物，再造“南山秋色”素雅氛围。“朝丹慕霞”也是漳州古八景之一，丹霞山是观赏日出日落的优良场所。结合绿道布局观景、休闲健身等活动场地，让丹霞山充满活力。

2. 文化基础设施建设：花海拥古刹，登高望古城，延续漳州千年历史轴线。

图2 绿道

南山寺建于唐开元二十四年，是全国佛教重地，也是漳州人千年以来的信仰中心之一，香火鼎盛。提升南山寺周边环境，建设七孔桥，将现状放生池改造为具有禅意的莲湖。选取漳州特色植物三角梅营造花海，实现四季有花的效果。让千年古刹面朝莲湖，背倚南山，坐拥花海，历史建筑与环境和谐相融。

在丹霞山制高点设计城市观景台，北望漳州古城，南探七首岩，西观圆山，东衔南山。古丹霞驿设于丹霞山下，是历史上进入漳州的必经之地。结合绿道驿站建筑复兴丹霞驿，形成新的商业文化中心。

场地内的工业厂房也是历史发展的见证，大都建于20世纪50年代，采用闽南红砖建造，富有漳州特色。保留部分建筑，通过结构加固、功能置换、环境整治使其成为文化创意园区，焕发新生。

3. 统筹文化、绿色基础设施，设计与策划一体同步，乐活享南山。

图3 连通水系

图4 湿地

图5 生态湿地

图6 七孔桥

图7 南湖

图8 亲水平台

南山文化生态园设计之初就考虑到建成后的使用，同步进行了活动策划，保障绿道可承载丰富的市民活动，带来持续的经济、文化效益。绿道串联场地内及周边丰富的民俗文化资源，成为体验漳州非遗、民俗文化的重要旅游线路。绿道依托山水资源，引入慢运动、慢生活理念，结合改造的厂房建筑发展健身休闲产业。考虑白天夜晚的不同使用人群，通过景观照明设计让南山成为漳州人赏夜景的新地标。

四、实施情况

南山文化生态园建设使得“南山秋色”“朝丹暮霞”获得了新生，漳州的千年历史轴线得到了空间上的延续，而人们对于漳州文化、休闲生活的体验，也从九龙江北岸的老城区延伸到南岸的圆山新城，应验了设计团队的初衷——让城市传统文化基因，当代市民活动能够在新的景观环境当中自由生长。

泉州安平桥文化公园规划设计——安海园

项目地点：
泉州市晋江安海镇

建设单位：
福建省晋江市安海镇镇政府

设计单位：
福建省城乡规划设计研究院

施工单位：
耀华园林股份有限公司

获奖情况：
2013年度省级优秀规划设计奖（风景园林类）一等奖

一、规划背景

文物古迹是一个国家、民族历史文化的主要载体，它对科学研究、历史教育、文化发展具有重大意义。近年来随着保护意识的提高，社会各界对历史文物古迹的保护与传承越发重视，保护的措施除了对古迹本身做必要的修复外，开辟主题公园、开发主题旅游等方式，也成为古迹保护以及提升文物价值的重要手段。

二、项目概况

安平桥文化公园位于安海镇的西南部，西邻大盈溪，与水头镇隔溪相望，项目建设用地面积为71.9公顷。安平桥为全国重点文物保护单位，历史的荣华与岁月的沧桑都赋予安平桥更多的魅力与价值。近年来城市建设的急速扩张以及各种自然与人为因素，使安平桥周边的环境遭到一定程度的破坏，水质污染格外严重，文物本身也出现不同程度受损，状况堪忧。如何在保护文物恢复生态的同时，合理利用并凸显其景观价值，更好地满足当下人们游憩审美需求是本项目建设需要回答的问题。

三、设计构思

根据场地自然、人文资源特点，以维护生态环境健康和延续乡土文脉特色为出发点，坚持“全面保护、生态优先、合理利用、持续发展”的方针，充分体现安海城市文化的特色，以及其在区域中的生态服务功能。

通过科学的规划，将公园打造成以“安海文化”为特色，集文化体验、生态体验、旅游观光等多元功能为一体的综合性、开放式的城市文化生态公园。

四、主要内容

公园规划结构为“长桥为轴、环路串珠、三区体验、安平八景”。

入口服务区：位于基地的东侧，布置了公园的主要服务设施，应用历史符号强调其形象门户区的标志性，恢复

图 1　全景图（拍摄：陈俊宏）

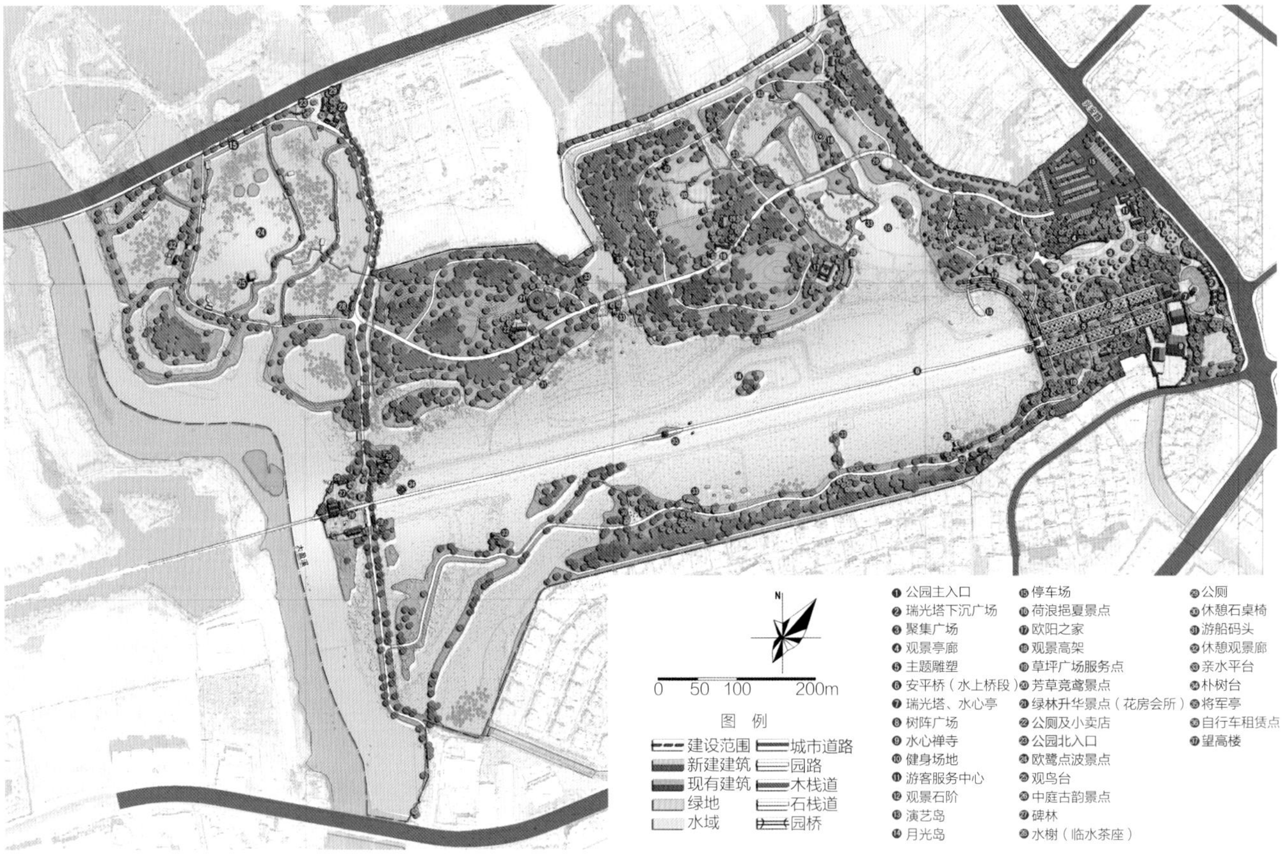

图2 设计平面图

安平八景之一“白塔凌霄”。

文化体验区：位于基地中部，是古迹观光的核心区，也是领略安海历史文化和民俗风情的好去处。应保护文物古迹，丰富游赏内容和文化内涵，塑造一个“人与历史交流对话”的空间，恢复安平八景之二景“长桥跨海”“中亭古韵”。

生态体验区：位于基地南北两侧，以观赏湿地、田园景观为主，要保护和恢复原生态景观基底，塑造“人与自然和谐共生”的空间，恢复安平八景之五景“鸥鹭点波”“绿林生华”“西畴春晓”“芳草竞鸢”“荷浪挹夏”。

五、项目特色

围绕“安平桥”，强调文物价值的提升与合理利用。在严格保护古迹的同时，通过修复自然生态基底，构建良好景观环境来提升文物价值，凸显其景观功能；通过文化及生态的延续，在保护文物古迹同时拓展公园及游憩功能。

1. 强调“桥”的古迹保护

（1）严格按照《文物保护法》以及上位规划的要求划定保护区和风貌协调区。

（2）强调“安平桥”在公园中主体地位，公园环境营造服务于主体保护。

（3）以安平桥为基础建设以“桥”为主题的文化公园。

2. 强调自然生态修复

（1）从区域发展的角度构筑城市生态空间发展格局，实施安平桥周边区域生态修复，恢复生态基底。

（2）连接外部河道解决安平桥所在水域补水问题；疏通内部水系，发挥湿地自净功能逐步解决水环境问题。

（3）堆山理水，合理平衡内部土方，优化地形，既可丰富空间变化，又缓解了地下水位高、场地盐碱等问题，有效改善种植土壤环境。

（4）园区绿化以乡土树种为主；维护湿地植物的完整性和多样性；让水生植物对园区水质有效净化；提倡乡野生态种植手段，以减轻公园后期维护运营压力。

3. 强调文化生态延续

（1）挖掘地域文化，提炼场地符号，设计中突出场地精神与地域特色。

（2）借助民风习俗和节庆活动提升公共空间文化氛围，如入口广场、观演广场、白塔凌霄。

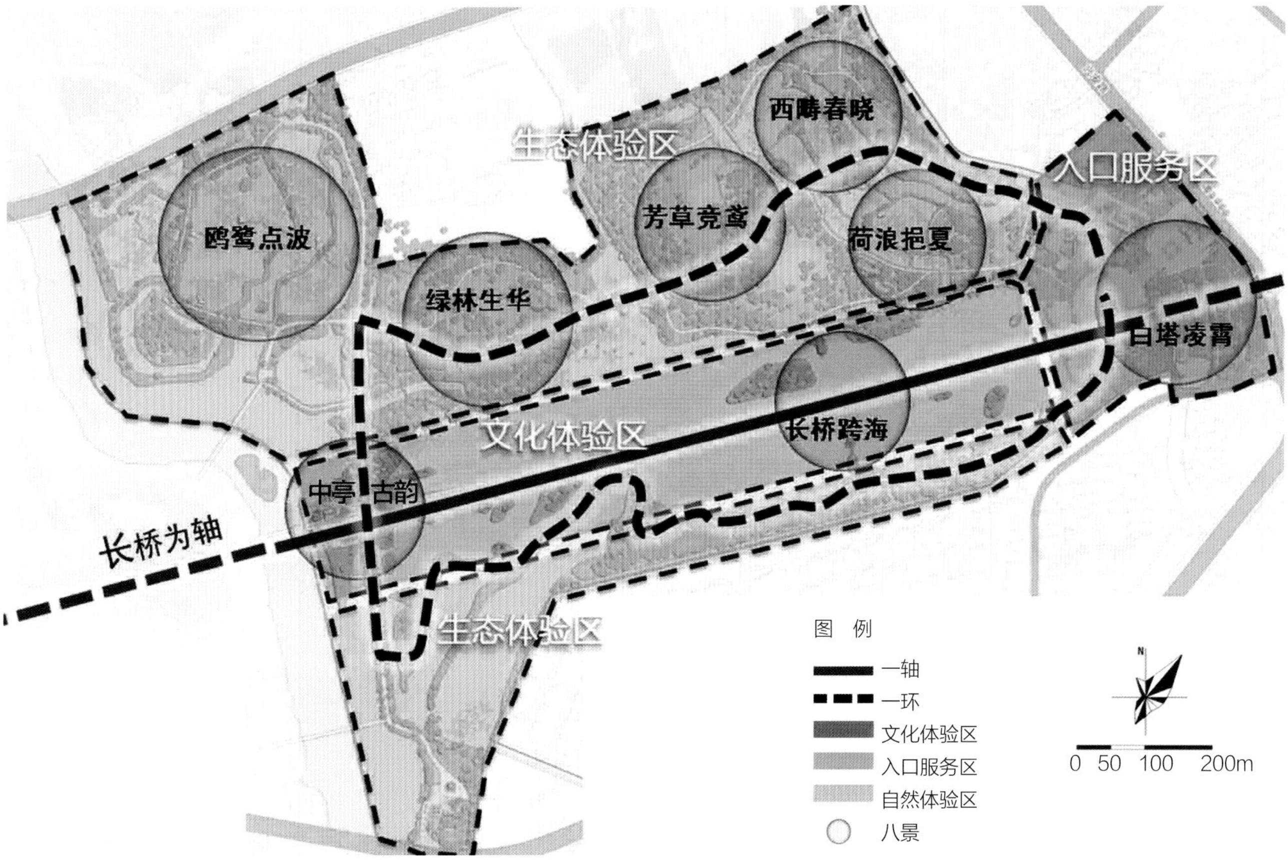

图3 分区平面图

图4 鸟瞰图（拍摄：黄碧华）

图5　黄昏桥景（拍摄：张军）

图6　亲水岸线（拍摄：许世共）

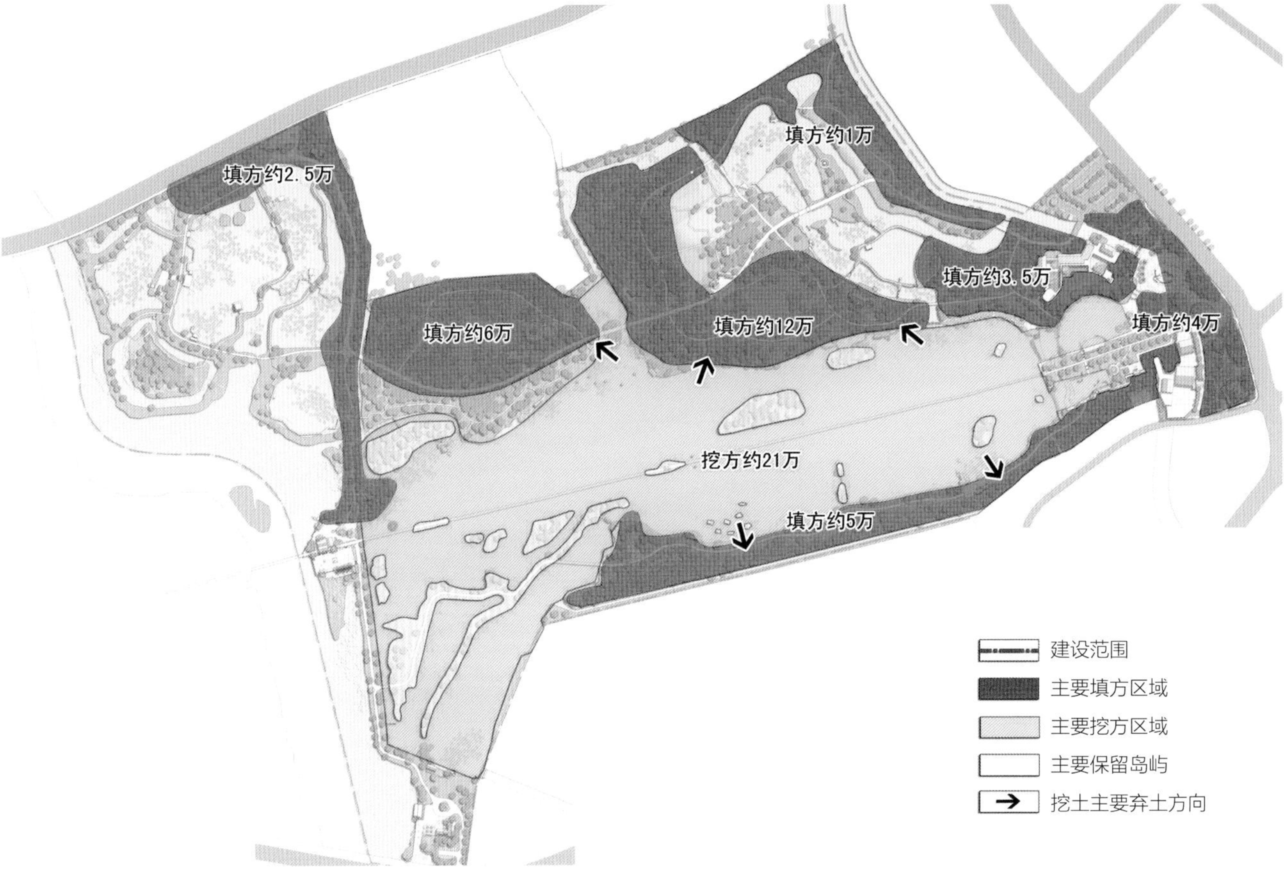

图7 土方平衡平面图

图8 白塔凌霄（拍摄：赖进财）

（3）建筑小品、设施设计富有文化内涵，如艺术景观小品：情景雕塑、碑林；文化建筑：游人中心、茶室、湿地科普园等。

（4）将提炼闽南红砖厝的传统建筑形式与现代设计手法结合，体现闽南特色。

（5）充分利用石头材质，展现闽西石文化特色。

4．强调场地功能多元化

根据场地条件与景观特点布置多样化的开放空间，以满足游人观赏、游憩、举办各类民俗活动的需要。

六、实施效果

项目于2017年建成开园，如今是安海乃至泉州的景观名片，民众健身娱乐的乐土；公园开放至今已经成功举办过多届大型的民俗活动，也成为大众了解历史，体验当地传统文化的重要场所。

厦门市海沧区古树名木保护利用专项规划

项目地点：

厦门市海沧区

建设单位：

厦门市规划委员会海沧规划分局

设计单位：

中国城市规划设计研究院厦门分院

获奖情况：

2017年度省级优秀城乡规划设计奖（风景园林类）二等奖

一、规划内容

伴随着城乡建设日趋加快推进，城乡中的古树名木遭受损害的现象日益严重，其突出表现在市政道路建设，土地出让的破坏，古树名木生存岌岌可危。本次规划重点解决两个问题：（1）摸清海沧全区古树名木的位置及生长状况；（2）梳理规划路网古树名木所在位置的矛盾点，并提出相应规划建议。

研究方法上，从古树名木的保护与利用两方面着手，针对古树名木生长状况和立地环境制定分级保护与分类保护措施，分析古树名木的空间分布特点，分析古树名木与居住用地、村庄用地、城市绿地等的关系，确定古树名木的保护利用途径。此外，挖掘古树名木的历史文化内涵，加深人们对古树名木价值的认识，加强“乡愁”文化的保护。

规划构思：从古树名木空间分布、古树名木地理人文价值、古树名木规划创意引导、古树名木规划分级保护、古树名木规划分类等五方面进行规划研究，并结合二维码等信息技术建立和完善古树名木信息查询平台。

二、规划的主要成果

本次规划项目成果包括三大部分：古树名木信息卡、规划说明与图集、古树名木保护图则。

古树名木信息卡：对海沧区全区古树名木及后备古树资源进行实地调研，逐棵记录，建立包含古树名木坐标、立地环境、生长现状、权属关系等方面的古树名木信息卡及档案。

规划说明与图集：包含古树名木现状与调研分析，古树名木分布空间研究，古树名木地理人文价值，古树名木规划创意引导，古树名木保护与利用规划，研究古树名木信息查询等六个主要方面的内容。

古树保护图则：包含不同立地环境的古树名木保护利用导则以及古树名木保护范围及保护措施的图则文件。

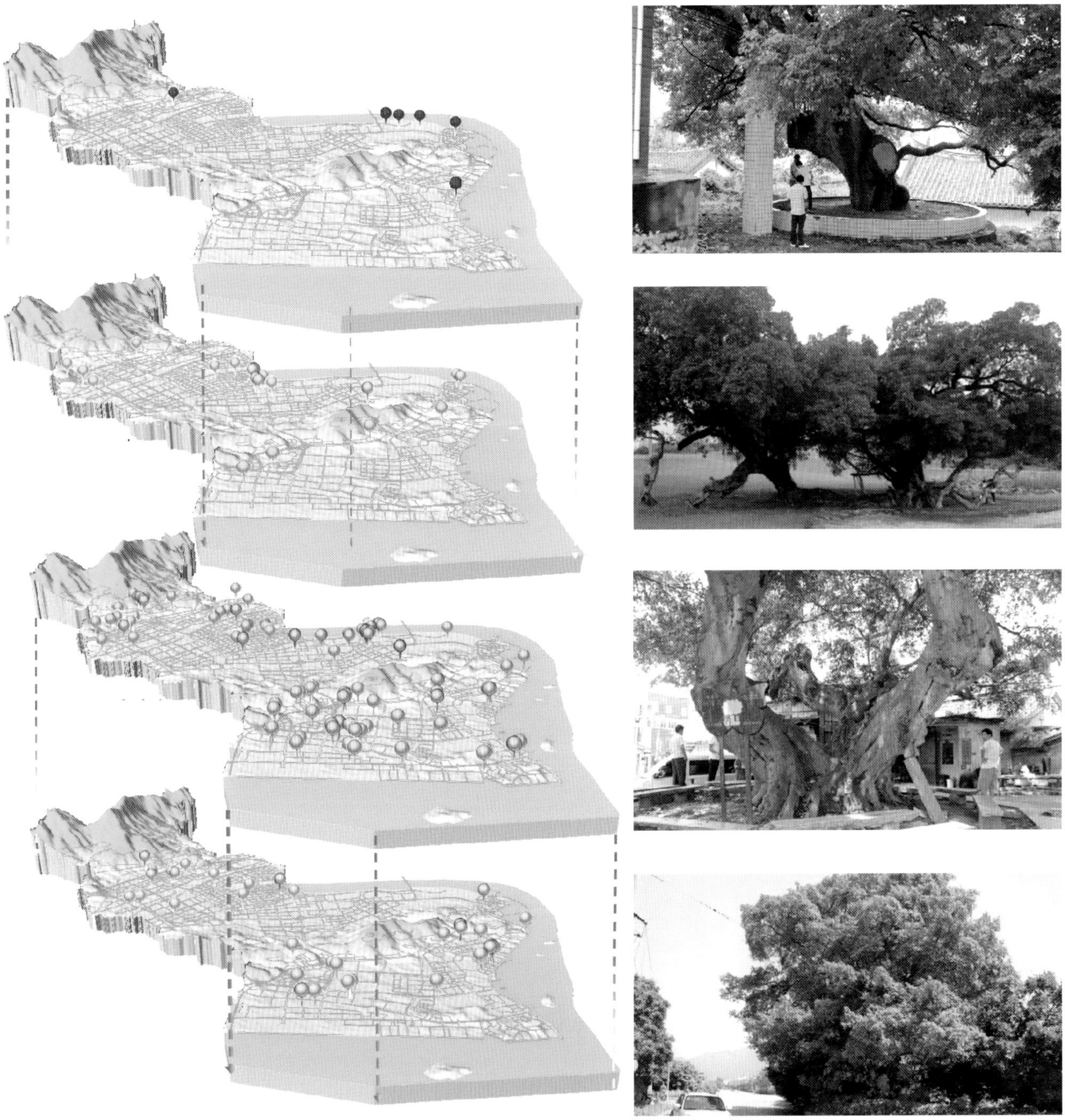

图 1　各级别古树名木分布图

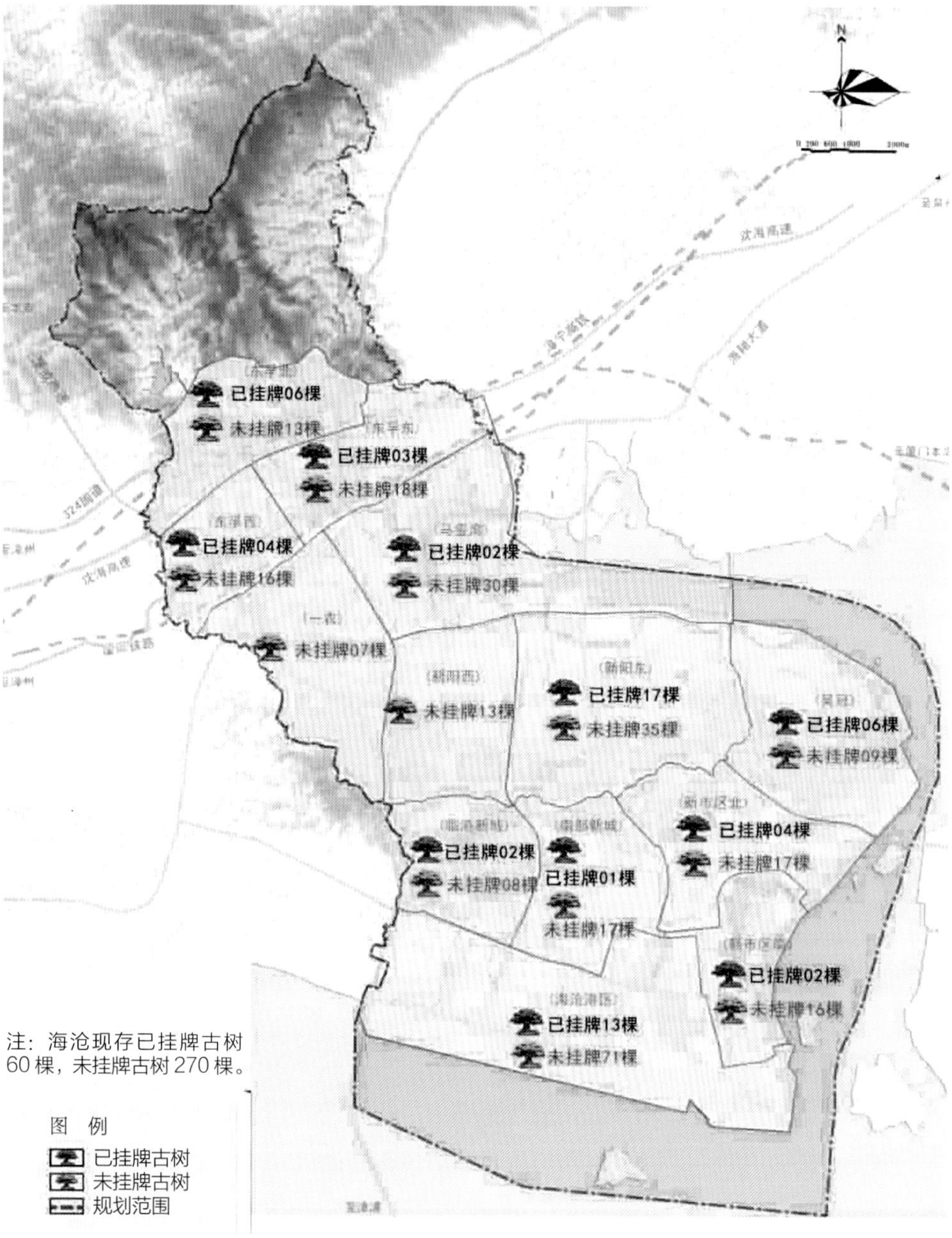

图2 古树挂牌分布图

三、项目实施情况说明

该规划项目于2015年6月完成最终成果。依据该成果，海沧区已对多个规划进行修正，并在土地招拍挂条件中明确古树名木保护要求，在抗击莫兰蒂台风中该规划发挥重要作用，保护了这些珍贵资源。

此外在本次古树名木保护规划中，海沧区结合实际项目计划，挑选出20棵古树名木设立古树名木公园先行试点。目前，这批古树名木公园已全部委托“厦门十佳景观设计师”同步推进具体方案设计，并已与街道村居代表交流沟通，完成方案设计，海沧东孚凤山古树公园已开始施工，景观效果极佳。

图3　东孚凤山效果图

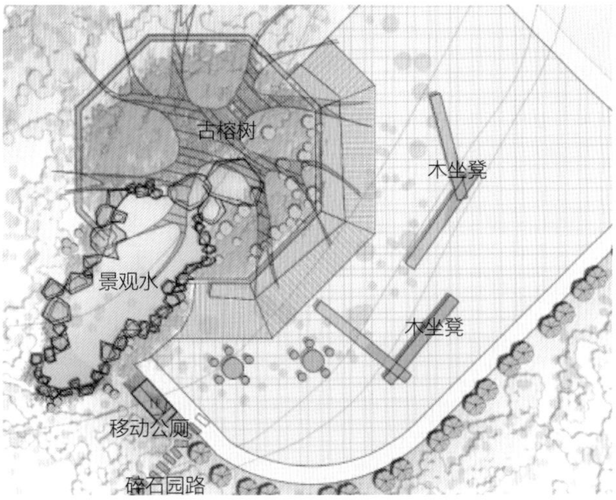

图4　东孚凤山平面图

漳州市九十九湾“闽南水乡”河道整治和滞洪区建设工程（一期工程）

项目地点：
漳州市龙文区

建设单位：
漳州闽南水乡开发建设有限公司

设计单位：
漳州市水利水电勘测设计研究院（河道及景观）

施工单位：
漳州市建筑工程有限公司（河道及景观）

获奖情况：
2017年度福建省“闽江杯”园林景观优质工程奖

一、项目概况

九十九湾源自漳州市芗城区西北部，自北向南蜿蜒流淌，纵贯城区南北，河流形态曲折优美，全长约14 公里，历史上是漳州城东重要的水上运输通道，也是漳州平原水网纵横、水乡特色的缩影。九十九湾闽南水乡工程，是漳州市建设“东西南北中”五大景观区域、构建环城休闲生态圈的重点工程。一期工程沿河道两侧从迎宾路至水仙大街，全长约1.4公里，包括河道整治、两岸景观提升及商贸街建设。未来将从产业、文化、生态着手，沿九十九湾水系由北至南打造内林古街、七里水乡等水乡十景，设置风情街、商贸街等丰富的区域业态。

二、项目特点

1. 以生态水廊为脉络，编织生态网络，改善城市环境

（1）九十九湾生态水廊打通北溪与西溪水路联系，沿线分布着滞洪公园、城市公园。廊道南衔接城区生态水廊——西溪亲水公园，北深入大片农田水网地带，将建成区相互孤立的廊道，生态斑块编织成网，实现与城郊生态基质区域生态交换和能量流动。

（2）项目配套的水生态修复工程包括北溪引水工程，可解决河道水源不足和流速过缓的问题；两岸生态防护和沿线截污纳管工程，构建河岸生态缓冲带，净化改善水质；清淤修复河床，恢复水生动植物的栖息地。

（3）生态水廊是城市高密度区自然生态体系与人工环境之间的缓冲带，能缓解高层建筑给水体系及绿地造成的压迫感。城市绿地沿水网延伸至城市腹地，能避免城市版块无序扩张，构建蓝绿相间、开放空间均质化分布的城市肌理，有效减少城市拥堵，提升环境品质。

2. 综合开发，城河互动，四区共融

（1）河道整治、绿地建设与商贸街建设联动，土地综合开发实现多元目标，借绿营商，以商哺绿，商业开发与生态建设实现良性循环。

图 1 九十九湾区域生态网络图

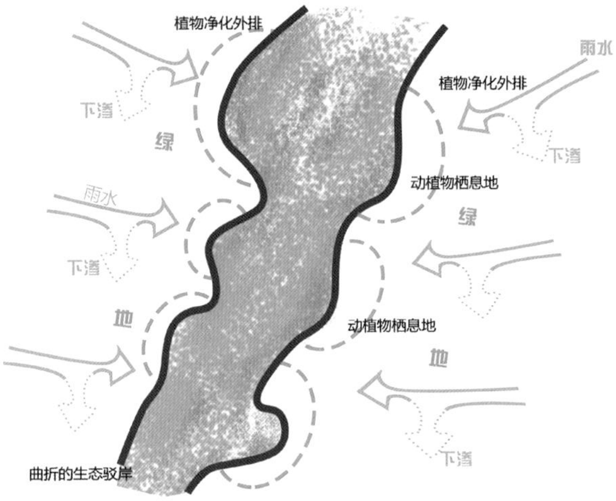

图 2　生态技术应用的成效

（2）河道及其两侧的商贸街和滨水绿地，形成贯通城市南北的商业服务带、景观休闲带，激发了沿线城区活力，带动了产业转型和旅游发展，实现“景区”“园区”“社区”“商区”四区共融。

3．建新如旧，彰显闽南水乡文化特色

（1）漳州平原具有“水乡相依，傍河建厝”的闽南水乡格局。生态水廊两岸的仿古建筑、商贸街本着“建新如旧”的原则，灵活运用各种闽南文化元素，突出闽南水乡风情。建设方多方收集漳州、泉州等地油标砖、旧地铺石、旧木材等古建筑材料，让项目呈现出“闽南风，漳州味”。

（2）生态水廊沿线分布着大量的历史文化遗存，古寺院、古树名木等物质文化遗产得到精心保护，并被有机地结合到沿线的建设中；宗教朝拜、龙舟竞渡等非物质文化遗产得以传承弘扬；伴水而行的绿道将沿线村落、景区景点串联，途中将设置闽南水乡旅游集散中心、古塘湿地驿站等场所供游客休憩；设置印象水乡博物馆、茶文化长廊、钟表博物馆、千古情剧场等场所展示闽南文化；设置生态农业观光园供游客体验慢生活。因此，生态水廊也是展示闽南历史文化、民俗风情的文化廊道。

（3）两岸的商贸文化建筑借鉴闽南民居风格，错落有致，再现了传统闽南水乡的景致。借助透视原理，分布在

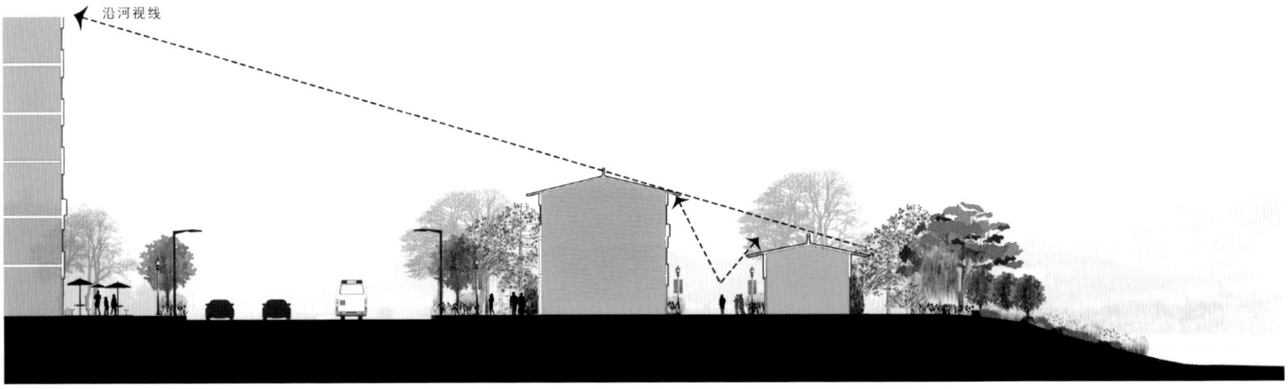

图 3　商贸街建筑对于视线的屏蔽作用

图 4　商贸街效果图

图 5　河道景观及仿古建筑群落（日景）

图 6　河道景观及仿古建筑群落（夜景）

图 7　闽南文化的石凳

图 8　伴水而行的绿道

河道断面外侧的建筑，形成一道屏障将周边的高层建筑屏蔽，起伏的天际线、层叠的燕尾脊在绿地植物的映衬下，格外妖娆。

4. 以海绵城市理念指导项目建设，积极推广生态技术

（1）按照漳州城区排水防涝综合规划，通过整合水利、生态、休闲三大功能，广泛运用“渗、滞、蓄、净、用、排”等技术手段，将滞洪区打造成集城市泄洪、生态保护和休闲功能为一体的“城市绿色海绵体、市民多彩聚集地”。

（2）河道沿线依照海绵城市建设要求，进行生态化景观改造，河道清淤后，过洪断面扩大，岸线自然曲折，石笼驳岸等生态护岸工艺，不仅有效减缓水流冲刷，还能给水生动物、鸟类等营造栖息地。大面积的石铺地与开放式绿地、生态排水沟解决了雨水下渗问题。近水面的美人蕉、再力花、旱伞草等水生湿生植物，生态绿岛湿地技术为净化初期雨水，防止城市面源污染，净化水质，延后洪峰到来时间发挥了重大作用。驳岸在水线之上的部分采用植物放坡方式，种植耐水湿植物，不仅自然美观，还可应对不同重现期的洪水，成为生态化的过洪与滞洪通道。

（3）大量采用生态技术和植物群落化种植方式，使得被破坏的自然生境得以恢复，生态多样性状况显著改善，生态系统的自我修复功能显著提高。

长泰县文博馆三期建设工程

项目地点：
漳州市长泰县

建设单位：
长泰县城乡规划建设局

设计单位：
福建省建盟工程设计集团有限公司

施工单位：
福建大农景观建设有限公司

获奖情况：
2017年度福建省“闽江杯”园林景观优质工程奖

一、项目概况

长泰县文博馆三期工程位于漳州市长泰县武安镇官山村，占地约10万平方米。项目集规划、建筑（包括古建）、市政（桥梁）、景观四大专业于一体。

二、设计定位

以展现孔子文化、长泰状元文化及独特民风民俗为文化主脉，具有优美的自然环境兼具文化休闲、山水体验功能的人文景区。

三、工程概况

长泰县文博馆规划结构为“一轴三片区”，即“先贤大道”景观主轴，“知礼广场”入口及配套区、长泰状元文化及民风民俗片区、生态绿岛片区。

建设内容包括：知礼广场、入口牌坊、孔子抚琴雕塑群、“道冠古今”“德侔天地”景观连廊、“论语”景观灯柱、状元坊、状元书院、山水茶室、雕塑小品、文化景墙、人工湖、生态绿岛、休闲滨水木栈道、亲水台阶、生态舞池、配套公厕、售卖部、管理用房、桥梁、道路及停车场等。

文博馆水体面积1800平方米，驳岸利用现有地形设计成“双龙”的艺术造型并加以改造，以“双龙戏珠”的设计理念营造两座人工岛屿。园区西南角的生态绿岛区域，将打造成滨水湿地休闲空间。人工岛屿及生态绿岛通过桥梁、休闲木栈道与周边路网衔接。水系岸线是蜿蜒曲折的自然生态驳岸。

馆内以景观方式展现孔子文化、长泰状元文化及其独特民风民俗。

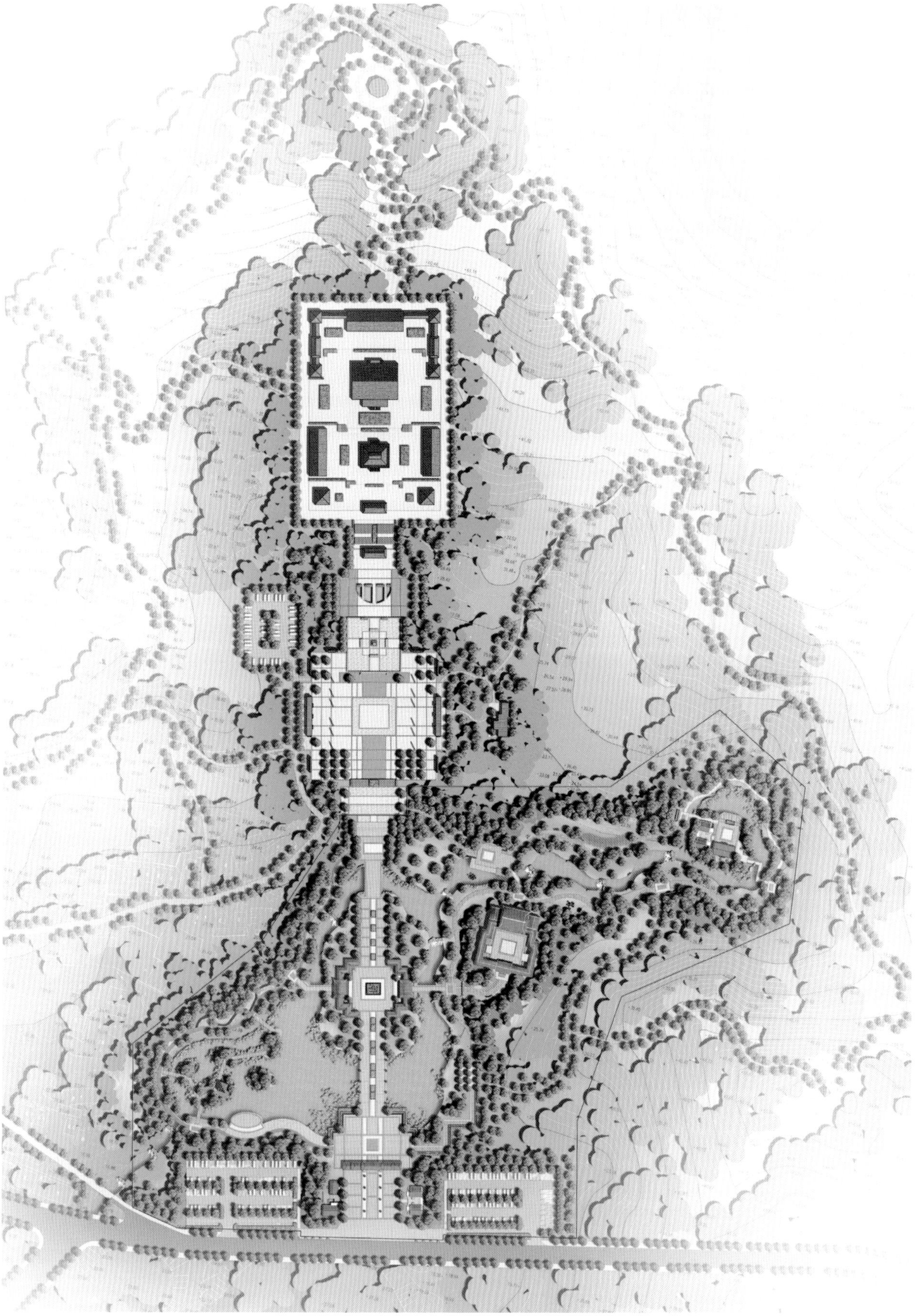

图 1 设计总平面图

图 2 全景鸟瞰图

图 3 大门

图 4 德侔天地广场

1. 孔子文化

结合一、二期孔庙建筑及仁爱广场，打造孔子文化景观主轴，以对孔子的“了解”“崇敬”直至“拜谒”为脉络，将孔子相关的文化元素和历史典故，通过知礼广场、孔子圣迹图、“论语”景观灯柱、孔子抚琴雕塑群、“道冠古今”“德侔天地”连廊、“金声玉振”牌坊等载体展示。

2. 状元文化

长泰县出了漳州历史上唯一的状元——林震，为了把长泰的状元文化更好地对外展示，在景观主轴以东片区营造状元坊、状元书院，将状元林震的生平事迹、代表性作品展现出来。状元书院以现代的闽南建筑形式打造，设有讲堂，与山门、连廊围合成独立的庭院空间，是学术交流、文娱培训、作品展览的绝佳场所。

3. 长泰的核心价值观及特色民风民俗

（1）展示长泰“忠、义、勇、勤、学、孝、廉”核心价值观：通过“三公下水操”雕塑展现“忠”；朱一贵抗争历史及高安军抗倭历史浮雕景墙，分别展现“义”和“勇”；“赛大猪、祈丰年”雕塑展现“勤”；状元书院照壁影雕表现林震樵下耕读的故事，展现“学”；景石雕刻“陈耷敬母”“忠谏之士”——卢经，分别展现“孝”“廉”的核心价值观。

（2）通过影雕景墙再现长泰的“旧八景”。小型雕塑小品，展示长泰的“中古音”文化；景石展现“珪塘点灯”民俗文化。

图5 人工湖

图6 状元书院

图7 圣贤桥

香江茶业园景观池园林工程

项目地点：
南平武夷山市

建设单位：
武夷山香江茶业有限公司

设计单位：
武夷山市壹景景观艺术有限公司

施工单位：
鲁班环境艺术工程股份有限公司

获奖情况：
2016年度福建省“闽江杯”园林景观优质工程奖

一、项目概况

武夷香江茶叶园属国家AAAA级旅游景区，分为教育宣传区、观光体验区、娱乐休闲区、产品展示区，园区北临自然山体，由极具武夷民居特色的建筑围合中央水体，形成山水相映的闽北园林庭院式景观，是集茶文化宣传教育、传统制茶技艺展示、茶艺表演、茶产品展示研发、茶产业生态文化旅游为一体的大型综合茶文化互动体验式休闲旅游区。

二、设计构思

以“九曲长廊书岩韵，一汪碧水泛茶香”为设计主题，利用地形高差的特点，营造山水舞台景观。根据中式古典园林的空间布局，采用亭、台、楼、阁、水榭、连廊、曲桥等传统建筑形式，串联点缀景观，形成借山聚水，建筑环抱的文人山水园。

1. 庭院景观与背景山体有机相融

中央庭院基地西侧为自然山体，山体与原始基地间存在高差较大的断崖，视觉效果差。设计中通过人工覆土堆坡、塑石绿化，巧妙地化解了断崖造成的不适感，改造后的场地高大乔木与小乔灌木等错落种植，再现原生植物群落，人工绿化与山体绿化有机结合，营造出漂亮的背景山林。人造的小溪与石桥点缀其中，既满足了主水体净化循环的需要，也让山与水之间联系更为紧密。

2. 长廊穿针引线，既是舒适的游览通道，也是步移景异的观景平台

景观水池南侧建筑之间，一条长廊如游龙般串起各功能区，游客们一边参观游廊旁的茶文化展厅，一边观赏由水池和山体组成的山水景观，还可于曲水码头处欣赏对岸的茶艺表演。长廊曲折幽深，游客漫步其中，恍惚来到苏州园林的庭院之中。

图 1 总体鸟瞰图

3. 茶树造园

水池西侧，自然山体以东拾阶而上是梯田状的茶叶品种园。种植武夷各类名枞，游客身临其境，仿佛进入岩茶主产区。茶园内点缀咏茶诗词的摩崖石刻，是游客观赏采摘和写生的好去处，也是茶叶科研教育基地重要组成部分。

三、施工特点

1. 岸线营造，匠心独具

中央水池变化丰富，凹凸有致的岸线处理，不同类型的驳岸设置，展现出武夷山的地景特色。其中石材或勾勒水岸，或架桥，或成汀步，或不经意间点缀水中，运用尤其精彩。

2. 武夷红石，彰显个性

武夷山以“丹崖碧水”而著称于世。红色砂岩成为景区内独特的建筑材料，园区台阶、围墙、汀步、挡土墙、石桥采用当地碎红毛石、武夷红花岗岩建造，强化了武夷特色。

四、主要施工内容

本工程施工范围主要分为：绿化种植、人工湖区、园林景观构筑物、园林铺地、园林给排水、音乐喷泉、塑石工程及其他造景几个部分。具体如下：

1. 人工湖：项目湖景是主要景观施工内容，建筑、廊架、景观小品均围绕人工湖展开，为确保建成后景观效果，采取了多种先进施工工艺，艺术小品均结合现场进行

图 2　借山聚水，建筑环抱的文人山水园

图 3　人工湖

图4 入口广场

图5 红花岗岩小路铺装

创作。施工过程中多次与设计方沟通，针对4100平方米的水面防渗提出抗渗钢筋混凝土结构的做法，引用后山自然降水进行补水，确保人工湖常年有水。湖体驳岸采用自然景石，通过现场艺术指导及施工人员的配合，完美实现自然湖体景观驳岸。

2. 园林、台阶、围墙、汀步材料，采用当地碎红毛石、武夷红花岗岩等作为施工主材，既反映地方文化，又能节省项目施工成本。入口广场铺装、园区小路铺装及景观小品呈现出独特的地方文化魅力。

3. 观景台：采用当地石材武夷红花岗岩铺装，栏杆采用武夷红花岗岩立柱与直径120毫米去皮松木围栏，竖向标高尽可能连湖亲水，让人们有凌波而上的感受。

4. 假山涧、瀑布：采用钢结构饰面假山塑石装饰组成，结合湖水形成山涧、瀑布、小桥，配上体现传统园林风格的植物，形成山湖一体的自然美景。

5. 栽植乔木地被花卉：以湖为中心，结合地形因地制宜地栽植树木花草，分组分团，疏密相间，让人置身于树林、山、瀑布自然景观之间。

6. 廊架、水车：采用木结构，与湖、园区小路连为一体，让人在休憩中欣赏自然美景。

图6 瀑布

图7 竹筏与瀑布

图8 小桥

图 9　湖畔廊架

图 10　廊架框景

图 11　廊架内景

图 12　水车

图 13 山涧补水

图 14 表演台

7. 水电、照明安装：景观用水从“低碳、节能”出发，因地制宜，山涧补水，循环利用；照明采用环保节能LED灯围绕湖水、山、园区小路建筑小品场景式设计，形成动静结合的夜景。

8. 音乐喷泉：采用全智能音乐喷泉设置湖岸表演台，结合山、水、夜景为园区增添光彩。

本工程项目在开工之初即明确了誓夺优质工程的质量目标，成立由建设、设计、施工、监理单位主要负责人组成的创优工程领导小组，进行创优工程目标分解，确保质量工程高起点。

项目部根据工程特点、难点编制了策划书，强调事先策划、质量预控、过程控制、一次成优的质量目标。做到质量技术交底，有工序控制，有标准验收，有奖惩制度。

本工程优质竣工，为武夷山香江名苑荣获“国家AAAA景区”“福建省首批观光工厂”荣誉打下了坚实的基础。

风景园林学科作为国家一级学科，承担着生态文明建设的重要使命，肩负着为生态文明建设、美丽中国建设培养后备人才的重任。国家转型发展的需要催生了风景园林专业办学的热潮，2013 年后，福建省内各高校纷纷开设风景园林专业，构建了覆盖风景园林学博士后科研流动站、一级学科博士点、一级学科硕士点、学位硕士点、学士授予点的完整的风景园林高等教育体系。

为落实生态文明重要理念，将生态文明建设内容融入教学全过程，各校在全国高等学校风景园林学科专业指导委员会制定的《风景园林本科专业指导规范》指导下，明确人才培养目标，制定专业培养计划，创新课程设置，强化生态学、生态规划等核心课程；设置中外园林史、风景区规划等课程以培养学生风景园林遗产保护意识；对接美丽乡村建设开设乡土景观规划（设计）课。在风景园林实习实践、产学研协作方面摸索适应校情的做法和模式。福建农林大学在“创意花园竞赛”课程教学中，让学生在校园的现实场地中，按照基地分析、方案设计、图纸表达、工程施工、维护管理等步骤，深度参与和完整体验风景园林项目建设的全过程；该校每年还举办“金秋杯”毕业设计大赛，邀请风景园林等专业校外专家学者担任评委。华侨大学重视数字化在风景园林中的运用，成立了省级风景园林实验教学示范中心，下设有数字景观实验室、景观材料建构实验室、人境交互实验室和实景创新实验室等特色实践教学及研究平台。福建工程学院强调专业办学更好地服务地方，服务基层，培养实践技能强适应行业发展需求的人才，成立了风景园林专业政产学研指导委员会；在毕业设计环节要求选题来自生产实践，学生需赴现场实地调研。

7 教育实践

Educational Practice

参与大学生设计竞赛一直以来都是高校风景园林实践教学的重要内容，为加强省内各高校风景园林专业师生的交流联系，在厦门大学嘉庚学院创建的“筑景”景观设计大赛的基础上，2018 年开始每年举办由福建省风景园林学会主办，学会教育委员会具体指导，省内各高校轮流承办的福建省风景园林学会大学生风景园林规划设计竞赛。

2018 年度设计竞赛主题为“友好的景观”，参赛学生可以围绕以下四领域展开设计：（1）响应生态文明建设的生态友好型景观设计；（2）尊重场所文化和人文关怀的友好型景观设计；（3）适应城市空间环境协调的友好型景观设计；（4）适应未来时空变化的有弹性的友好型景观设计。2019 年竞赛主题为“绿色融合共享，创建美好生活”，以改善城乡人居环境、生态文明建设、美丽中国、乡村振兴、公园城市建设等一系列战略决策为背景，贯彻创新、协调、绿色、开放、共享的发展理念，围绕城乡绿色空间及环境，创造性发现和解决人居环境问题。

参赛作品选题绝大多数来源于福建省内，有城市更新、生态保育、乡村景观、公园绿地、文化遗产保护等多种题材。研究生组与本科生组作品各具特色，研究生组获奖作品立意深远，逻辑缜密，是风景园林前沿理念与参赛者娴熟技能丰富想象力的完美结合；本科生组作品触摸基层，解决实际问题，接地气，有福建特色。竞赛进一步拉近了校园和社会的距离，引导师生关注周边事物，理论结合实际，深入挖掘地域生态和文化要素，为高等教育服务地方经济发展，环境保护，城乡建设事业起到了推动作用；为省内高校架起了沟通交流的桥梁，通过系列活动，师生开阔了眼界，加强了联系，构建了友谊。

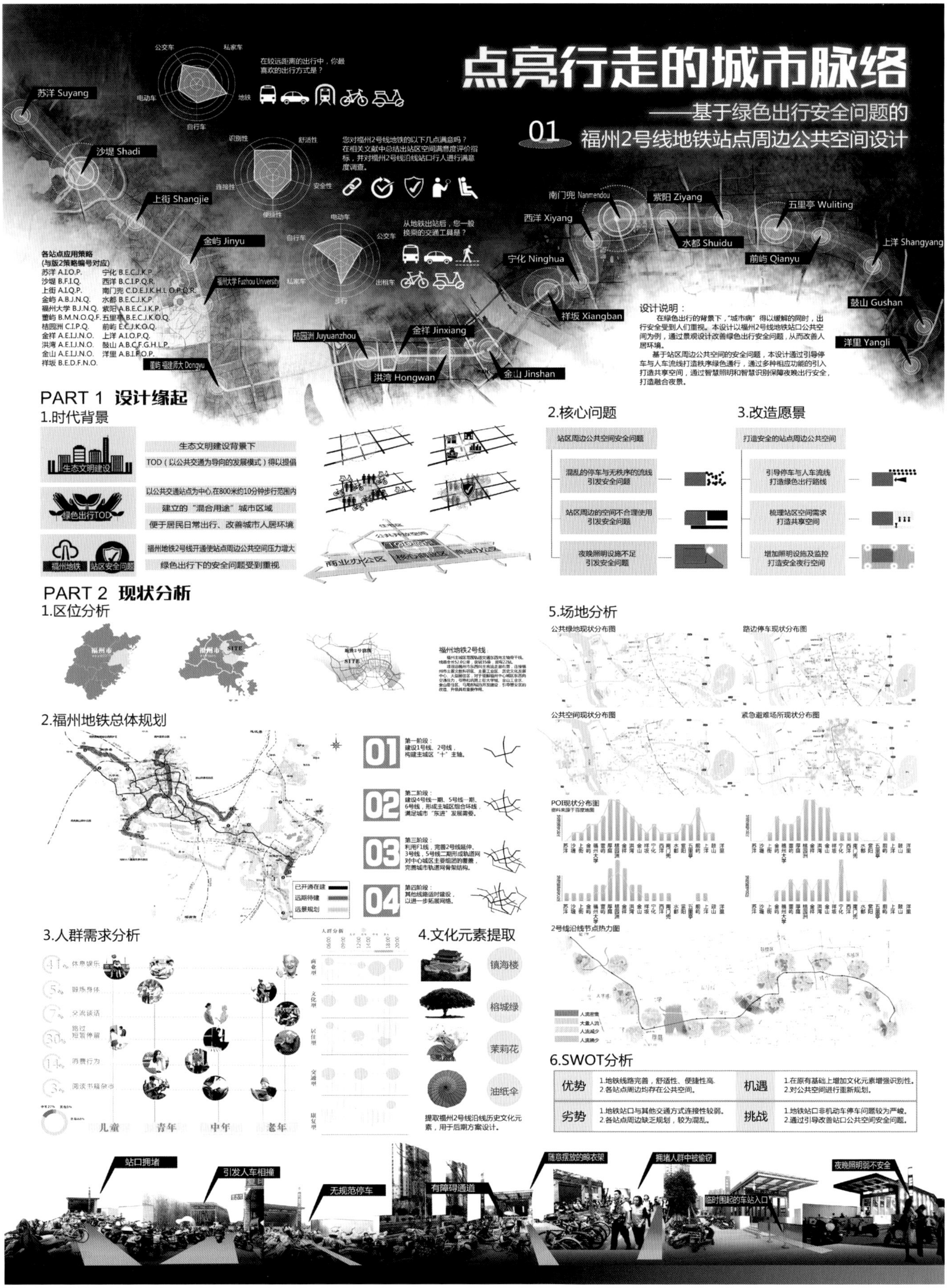
点亮行走的城市脉络
——基于绿色出行安全问题的
01 福州2号线地铁站点周边公共空间设计
在较远距离的出行中，你最喜欢的出行方式是？
公交车
私家车
地铁
自行车
电动车
您对福州2号线地铁的以下几点满意吗？在相关文献中总结出站区空间满意度评价指标，并对福州2号线沿线站口行人进行满意度调查。
识别性
舒适性
安全性
便利性
连接性
从地铁站出站后，您一般换乘的交通工具是？
出租车
步行
私家车
苏洋 Suyang
沙堤 Shadi
上街 Shangjie
金屿 Jinyu
福州大学 Fuzhou University
桔园洲 Juyuanzhou
金祥 Jinxiang
洪湾 Hongwan
金山 Jinshan
董屿 福建师大 Dongyu
南门兜 Nanmendou
紫阳 Ziyang
五里亭 Wuliting
西洋 Xiyang
水都 Shuidu
前屿 Qianyu
上洋 Shangyang
宁化 Ninghua
祥坂 Xiangban
鼓山 Gushan
洋里 Yangli
各站点应用策略
(与版2策略编号对应)
苏洋 A.I.O.P.
沙堤 B.F.I.Q.
上街 A.I.Q.P.
金屿 A.B.J.N.Q.
福州大学 B.J.N.Q.
董屿 B.M.N.O.Q.F.
桔园洲 C.I.P.Q.
金祥 A.E.I.J.N.O.
洪湾 A.E.I.J.N.O.
金山 A.E.I.J.N.O.
祥坂 B.E.D.F.N.O.
宁化 B.E.C.J.K.P.
西洋 B.C.I.P.Q.R.
南门兜 C.D.E.J.K.H.L.O.P.Q.R.
水都 B.E.C.J.K.P.
紫阳 A.B.E.C.J.K.P.
五里亭 B.E.C.J.K.O.Q.
前屿 E.C.J.K.O.Q.
上洋 A.I.O.P.Q.
鼓山 A.B.C.F.G.H.L.P.
洋里 A.B.I.P.O.P.
设计说明：
在绿色出行的背景下，"城市病"得以缓解的同时，出行安全受到人们重视。本设计以福州2号线地铁站口公共空间为例，通过景观设计改善绿色出行安全问题，从而改善人居环境。
基于站区周边公共空间的安全问题，本设计通过引导停车与人车流线打造秩序绿色通行，通过多种相应功能的引入打造共享空间，通过智慧照明和智慧识别保障夜晚出行安全，打造融合夜景。
PART 1 设计缘起
1.时代背景
生态文明建设
绿色出行TOD
福州地铁
站区安全问题
生态文明建设背景下
TOD（以公共交通为导向的发展模式）得以提倡
以公共交通站点为中心,在800米约10分钟步行范围内
建立的"混合用途"城市区域
便于居民日常出行、改善城市人居环境
福州地铁2号线开通使站点周边公共空间压力增大
绿色出行下的安全问题受到重视
商业办公区
2.核心问题
站区周边公共空间安全问题
混乱的停车与无秩序的流线引发安全问题
站区周边的空间不合理使用引发安全问题
夜晚照明设施不足引发安全问题
3.改造愿景
打造安全的站点周边公共空间
引导停车与人车流线打造绿色出行路线
梳理站区空间需求打造共享空间
增加照明设施及监控打造安全夜行空间
PART 2 现状分析
1.区位分析
福州市
SITE
福州地铁2号线
2.福州地铁总体规划
01 第一阶段：建设1号线、2号线，构建主城区"十"主轴。
02 第二阶段：建设4号线一期、5号线一期、6号线，形成主城区组合环线，满足城市"东进"发展需要。
03 第三阶段：利用F1线，完善2号线延伸、3号线，5号线二期形成轨道网对中心城区主要组团的覆盖，完善城市轨道网骨架结构。
04 第四阶段：其他线路适时建设，以进一步拓展网络。
已开通在建
远期待建
远景规划
3.人群需求分析
休息娱乐
锻炼身体
交流谈话
路过短暂停留
消费行为
阅读书籍杂志
人群分析
商业型
文化型
居住型
交通型
康复型
儿童
青年
中年
老年
4.文化元素提取
镇海楼
榕城绿
茉莉花
油纸伞
提取福州2号线沿线历史文化元素，用于后期方案设计。
5.场地分析
公共绿地现状分布图
路边停车现状分布图
公共空间现状分布图
紧急避难场所现状分布图
POI现状分布图
2号线沿线节点热力图
人流密集
大量人流
人流减少
人流稀少
6.SWOT分析
优势 1.地铁线路完善，舒适性、便捷性高。2.各站点周边均存在公共空间。
机遇 1.在原有基础上增加文化元素增强识别性。2.对公共空间进行重新规划。
劣势 1.地铁站口与其他交通方式连接性较弱。2.各站点周边缺乏规划，较为混乱。
挑战 1.地铁站口非机动车停车问题较为严峻。2.通过引导改善站口公共空间安全问题。
站口拥堵
引发人车相撞
无规范停车
有障碍通道
随意摆放的晾衣架
拥堵人群中被偷窃
临时围起的车站入口
夜晚照明弱不安全

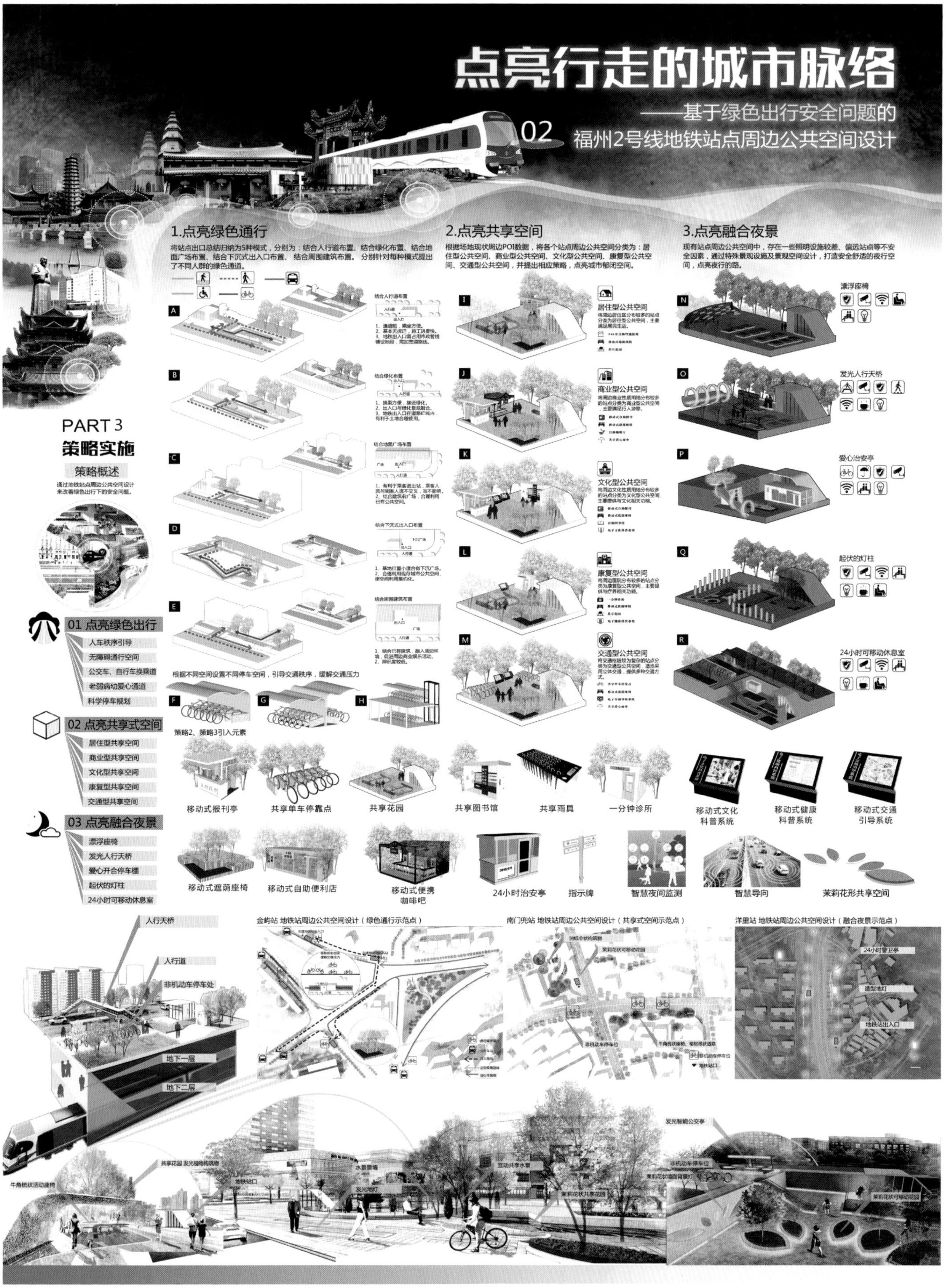
点亮行走的城市脉络
——基于绿色出行安全问题的
02
福州2号线地铁站点周边公共空间设计
1.点亮绿色通行
将站点出口总结归纳为5种模式，分别为：结合人行道布置、结合绿化布置、结合地面广场布置、结合下沉式出入口布置、结合周围建筑布置。分别针对每种模式提出了不同人群的绿色通道。
2.点亮共享空间
根据场地现状周边POI数据，将各个站点周边公共空间分类为：居住型公共空间、商业型公共空间、文化型公共空间、康复型公共空间、交通型公共空间，并提出相应策略，点亮城市郁闭空间。
3.点亮融合夜景
现有站点周边公共空间中，存在一些照明设施较差、偏远站点等不安全因素，通过特殊景观设施及景观空间设计，打造安全舒适的夜行空间，点亮夜行的路。
结合人行道布置
结合绿化布置
结合地面广场布置
结合下沉式出入口布置
结合周围建筑布置
居住型公共空间
商业型公共空间
文化型公共空间
康复型公共空间
交通型公共空间
漂浮座椅
发光人行天桥
爱心治安亭
起伏的灯柱
24小时可移动休息室
PART 3
策略实施
策略概述
通过地铁站点周边公共空间设计来改善绿色出行下的安全问题。
01 点亮绿色出行
人车秩序引导
无障碍通行空间
公交车、自行车换乘道
老弱病幼爱心通道
科学停车规划
02 点亮共享式空间
居住型共享空间
商业型共享空间
文化型共享空间
康复型共享空间
交通型共享空间
03 点亮融合夜景
漂浮座椅
发光人行天桥
爱心开合停车棚
起伏的灯柱
24小时可移动休息室
根据不同空间设置不同停车空间，引导交通秩序，缓解交通压力
策略2、策略3引入元素
移动式报刊亭
共享单车停靠点
共享花园
共享图书馆
共享雨具
一分钟诊所
移动式文化科普系统
移动式健康科普系统
移动式交通引导系统
移动式遮荫座椅
移动式自助便利店
移动式便携咖啡吧
24小时治安亭
指示牌
智慧夜间监测
智慧导向
茉莉花形共享空间
人行天桥
人行道
非机动车停车处
地下一层
地下二层
金屿站 地铁站周边公共空间设计（绿色通行示范点）
南门兜站 地铁站周边公共空间设计（共享式空间示范点）
洋里站 地铁站周边公共空间设计（融合夜景示范点）
24小时警卫亭
造型地灯
地铁站出入口
发光智能公交亭
共享花园 发光植物构筑物
水景景墙
互动共享水景
地铁站口
牛角桅状活动座椅
非机动车停车位
茉莉花状共享花园

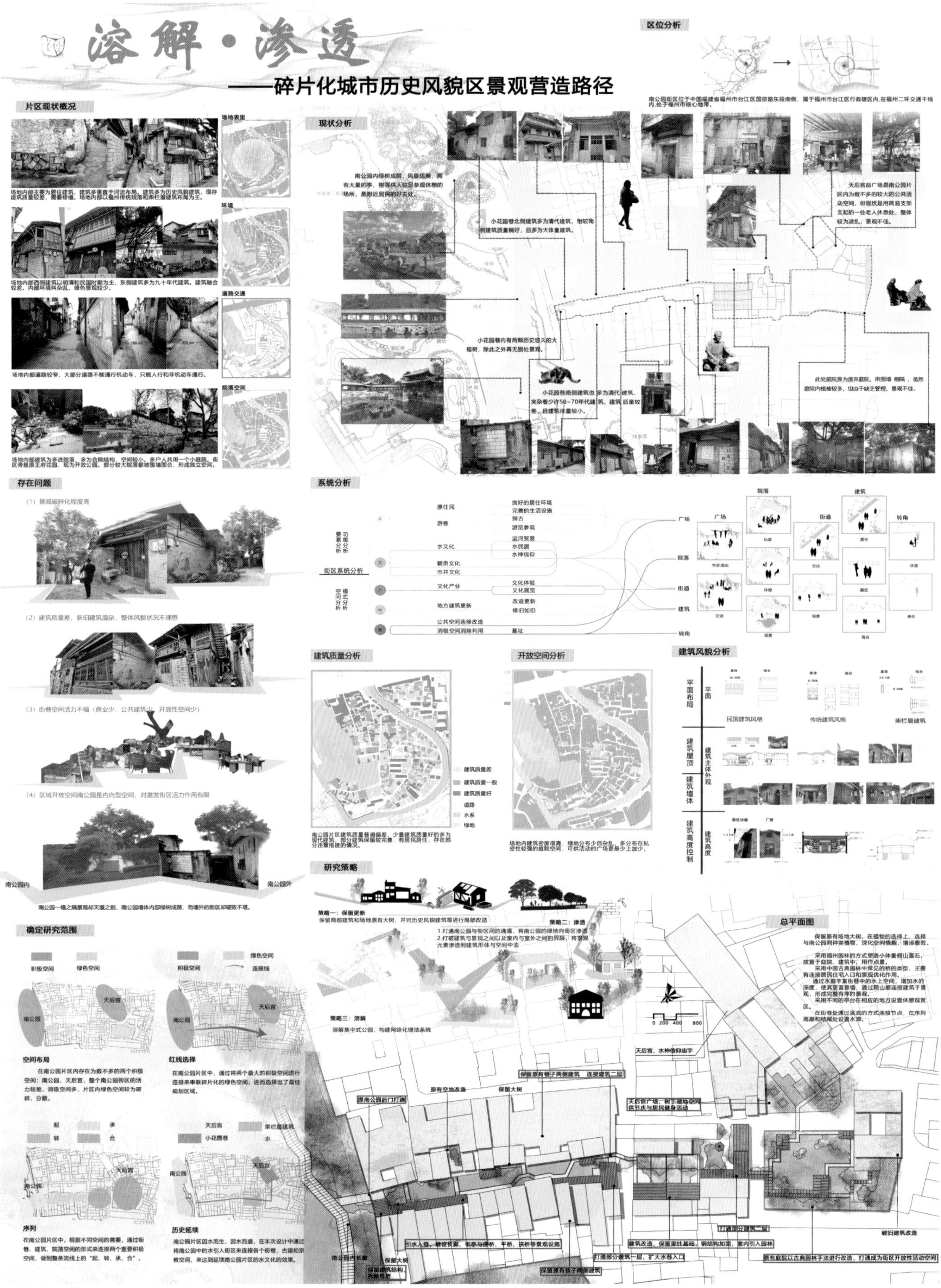

溶解·渗透
——碎片化城市历史风貌区景观营造路径
区位分析
南公园街区位于中国福建省福州市台江区国货路东段南侧，属于福州市台江区行政辖区内，在福州二环交通干线内，处于福州市核心地带。
片区现状概况
场地内部主要为居住建筑，建筑多垂直于河流布局。建筑多为历史风貌建筑，现存建筑质量较差，需要修缮。场地内部以福州传统院落和柴栏厝建筑布局为主。
场地内部西侧建筑以明清和民国时期为主，东侧建筑多为九十年代建筑。建筑融合较差，内部环境局促杂乱，绿色景观较少。
场地内部道路较窄，大部分道路不能通行机动车，只能人行和非机动车通行。
场地内部建筑为多进院落，多为合院结构，空间较小，多户人共用一个小庭院。
场地表里
环境
道路交通
院落空间
现状分析
南公园内绿树成荫，风景优美，拥有大量的亭、榭等供人驻足参观休憩的场所，是附近居民的好去处。
小花园巷北侧建筑多为清代建筑，相较南侧建筑质量稍好，且多为大体量建筑。
小花园巷内有两颗历史悠久的大榕树，除此之外再无别处景观。
小花园巷南侧建筑也多为清代建筑，夹杂着少许50~70年代建筑，建筑质量较差，且建筑体量较小。
天后宫前广场是南公园片区内为数不多的较大的公共活动空间，但现状是用简易支架支起的一处老人休息处，整体较为凌乱，景观不佳。
此处庭院原为废弃庭院，用围墙相隔，虽然庭院内植被较多，但由于缺乏管理，景观不佳。
存在问题
（1）景观破碎化程度高
（2）建筑质量差，新旧建筑混杂，整体风貌状况不理想
（3）街巷空间活力不强（商业少，公共建筑少，开放性空间少）
（4）区域开放空间南公园是内向型空间，对激发街区活力作用有限
南公园内
南公园外
南公园一墙之隔景观却天壤之别，南公园墙体内部绿树成荫，而墙外的街区却破败不堪。
系统分析
街区系统分析
要素功能分析
空间模式分析
原住民
游客
水文化
朝贡文化
市井文化
文化产业
地方建筑更新
公共空间连接改造
消极空间消解利用
良好的居住环境
完善的生活设施
探古
游览参观
运河贸易
水民居
水神信仰
文化体验
文化展览
改造更新
修旧如旧
基址
广场
院落
街道
建筑
转角
建筑质量分析
建筑质量差
建筑质量一般
建筑质量好
道路
水系
绿地
开放空间分析
场地内建筑密度很高，绿地分布少且杂乱，多分布在私密性较强的庭院空间，可供活动的广场更是少上加少。
建筑风貌分析
平面布局
建筑屋顶
建筑墙体
建筑高度控制
民国建筑风格
传统建筑风格
柴栏厝建筑
研究策略
策略一：保留更新
保留局部建筑和场地原有大树，并对历史风貌建筑等进行局部改造
策略二：渗透
1.打通南公园与街区间的通道，将南公园的绿地向街区渗透
2.打破建筑与景观之间以及室内与室外之间的界限，将景观元素渗透到建筑形体与空间中去
策略三：溶解
溶解集中式公园，构建网络化绿地系统
确定研究范围
积极空间
绿色空间
连接线
南公园
天后宫
空间布局
在南公园片区内存在为数不多的两个积极空间：南公园、天后宫。整个南公园街区的活力较差，消极空间多，片区内绿色空间较为破碎、分散。
红线选择
在南公园片区中，通过将两个最大的积极空间进行连接来串联碎片化的绿色空间，进而选择出了最佳规划区域。
起
承
转
合
小花园巷
柴栏厝建筑
水
序列
在南公园片区中，根据不同空间的需要，通过街巷、建筑、院落空间的形式来连接两个重要积极空间，做到整条流线上的“起、转、承、合”。
历史延续
南公园片区因水而生，因水而盛，在本次设计中通过将南公园中的水引入街区来连接各个街巷、古建和宗教空间，来达到延续南公园片区的水文化的效果。
总平面图
保留原有场地大树，在植物的选择上，选择与南公园同种类植物，深化空间情趣，墙涂雅致。
采用福州园林的方式塑造小体量假山置石，放置于庭院、建筑中，用作点景。
采用中国古典园林中常见的桥的类型，主要有连接居民住宅入口和景观优化作用。
通过水廊丰富街巷中的水上空间，增加水的深度，使其更富意境。通过爬山廊连接建筑于景观，形成完整有序的景观。
采用不同的平台在相应的地方设置休憩观赏区。
在街巷处通过溪流的方式连接节点，在序列高潮和结尾处设置水潭。
0 200 400 800
天后宫，水神信仰庙宇
保留原有巷子两侧建筑 连接建筑二层
原南公园后门打通
原有空地改造
保留大树
天后宫广场，树下增加空间供节庆与居民健身活动
引水入巷，增设民宿、亭子与曲桥、平桥、拱桥等景观设施
打通部分建筑一层，扩大水巷入口
建筑改造，保留屋柱基础，钢结构加固，室内引入园林
打通部分建筑二层
破旧建筑改造
原有庭院以古典园林手法进行改造，打通成为街区开放性活动空间
南公园内长廊
保留大树
保留原有巷子两侧建筑
保留建筑结构拆除墙身

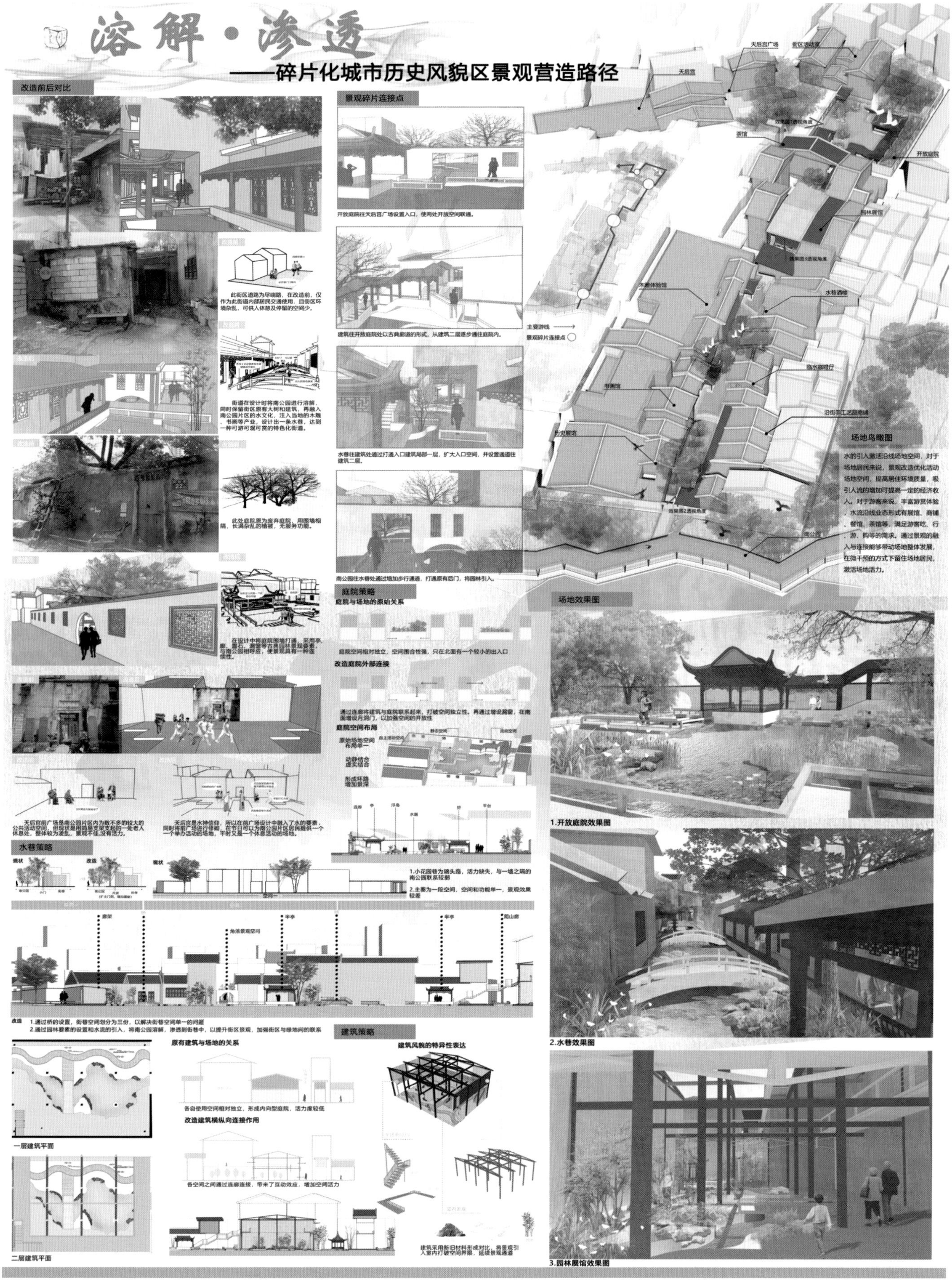
溶解·渗透
——碎片化城市历史风貌区景观营造路径
改造前后对比
此街区道路为尽端路，在改造前，仅作为此街道内部居民交通使用，且街区环境杂乱，可供人休憩及停留的空间少。
街道在设计时将南公园进行溶解，同时保留街区原有大树和建筑，再融入南公园片区的水文化，注入当地的木雕、书画等产业，设计出一条水巷，达到一种可游可观可赏的特色化街道。
此处庭院原为废弃庭院，用围墙相隔，长满杂乱的植被，无服务功能。
在设计中将庭院围墙打通，采用亭、廊、置石、漏窗等古典园林景观要素，与南公园相呼应，使景观具有一种连续性。
天后宫前广场是南公园片区内为数不多的较大的公共活动空间，但现状是用简易支架支起的一处老人休息处，整体较为凌乱，景观不佳，没有活力。
天后宫是水神信仰，所以在前广场设计中融入了水的要素，同时将前广场进行修剪，在节日可以为南公园片区居民提供一个一个举办活动的场地，平时又是一个休息活动的场地。
景观碎片连接点
开放庭院往天后宫广场设置入口，使两处开放空间联通。
建筑往开放庭院处以古典廊道的形式，从建筑二层逐步通往庭院内。
水巷往建筑处通过打通入口建筑局部一层，扩大入口空间，并设置通道往建筑二层。
南公园往水巷处通过增加步行通道，打通原有后门，将园林引入。
庭院策略
庭院与场地的原始关系
庭院空间相对独立，空间围合性强，只在北面有一个较小的出入口
改造庭院外部连接
通过连廊将建筑与庭院联系起来，打破空间独立性。再通过增设漏窗，在南面增设月洞门，以加强空间的开放性
庭院空间布局
原始场地空间布局单一
动静结合
虚实结合
形成环路
增加景深
静态空间
流动空间
连廊
亭
浮岛
水榭
轩
平台
主要游线
景观碎片连接点
天后宫广场
街区活动室
天后宫
茶馆
开放庭院
园林展馆
效果图3透视角度
木雕体验馆
水巷酒楼
临水咖啡厅
书画馆
沿街手工艺品商铺
历史展馆
效果图2透视角度
南公园
场地鸟瞰图
水的引入激活沿线场地空间，对于场地居民来说，景观改造优化活动场地空间，提高居住环境质量，吸引人流的增加可提高一定的经济收入。对于游客来说，丰富游赏体验，水流沿线业态形式有展馆、商铺、餐馆、茶馆等，满足游客吃、行、游、购等的需求。通过景观的融入与连接能够带动场地整体发展，在微干预的方式下留住场地居民，激活场地活力。
场地效果图
1.开放庭院效果图
2.水巷效果图
3.园林展馆效果图
水巷策略
现状
改造
空间一
1.小花园巷为尽头路，活力缺失，与一墙之隔的南公园联系较弱
2.主要为一段空间，空间和功能单一，景观效果较差
廊架
角落景观空间
半亭
爬山廊
改造 1.通过桥的设置，街巷空间划分为三份，以解决街巷空间单一的问题
2.通过园林要素的设置和水流的引入，将南公园溶解，渗透到街巷中，以提升街区景观，加强街区与绿地间的联系
建筑策略
原有建筑与场地的关系
各自使用空间相对独立，形成内向型庭院，活力度较低
改造建筑横纵向连接作用
各空间之间通过连廊连接，带来了互动效应，增加空间活力
建筑风貌的特异性表达
建筑采用新旧材料形成对比，将景观引入室内打破空间界限，延续景观通道
一层建筑平面
二层建筑平面

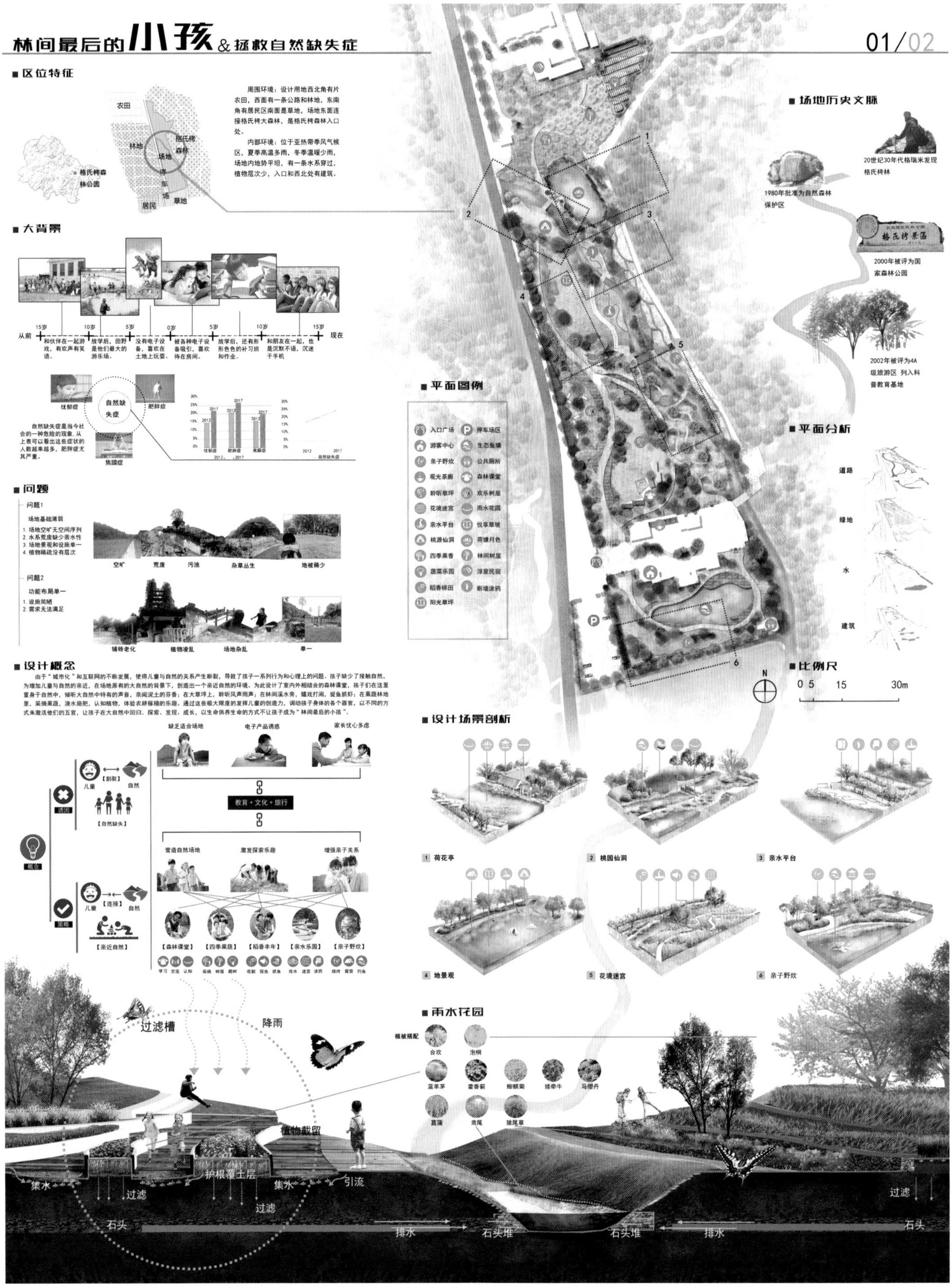
林间最后的小孩 & 拯救自然缺失症
01/02
区位特征
农田
林地
格氏栲森林
场地
停车场
居民
草地
格氏栲森林公园
周围环境：设计用地西北角有片农田，西面有一条公路和林地，东南角有居民区南面是草地，场地东面连接格氏栲大森林，是格氏栲森林入口处。
内部环境：位于亚热带季风气候区，夏季高温多雨，冬季温暖少雨，场地内地势平坦，有一条水系穿过，植物层次少，入口和西北处有建筑。
大背景
从前
15岁
10岁
5岁
0岁
5岁
10岁
15岁
现在
和伙伴在一起游戏，有欢声有笑语。
放学后，田野是他们最大的游乐场。
没有电子设备，喜欢在土地上玩耍。
被各种电子设备吸引，喜欢待在房间。
放学后，还有形形色色的补习班和作业。
和朋友在一起，也是沉默不语，沉迷于手机
忧郁症
自然缺失症
肥胖症
焦躁症
自然缺失症是当今社会的一种危险的现象. 从上表可以看出这些症状的人数越来越多，肥胖症尤其严重。
问题
问题1
场地基础薄弱
1. 场地空旷无空间序列
2. 水系荒废缺少亲水性
3. 场地景观和设施单一
4. 植物稀疏没有层次
空旷
荒废
污浊
杂草丛生
地被稀少
问题2
功能布局单一
1. 设施简陋
2. 需求无法满足
铺砖老化
植物凌乱
场地杂乱
单一
设计概念
由于“城市化”和互联网的不断发展，使得儿童与自然的关系产生断裂，导致了孩子一系列行为和心理上的问题。孩子缺少了接触自然，为增加儿童与自然的亲近，在场地原有的大自然的背景下，创造出一个亲近自然的环境。为此设计了室内外相结合的森林课堂，孩子们在这里置身于自然中，倾听大自然中特有的声音，亲闻泥土的芬香；在大草坪上，聆听风声雨声；在林间溪水旁，嬉戏打闹，捉鱼抓虾；在果蔬林地里，采摘果蔬，浇水施肥，认知植物，体验农耕稼穑的乐趣。通过这些极大限度的发挥儿童的创造力，调动孩子身体的各个器官，以不同的方式来激活他们的五官，让孩子在大自然中回归、探索、发现、成长，以生命供养生命的方式不让孩子成为“林间最后的小孩”。
缺乏适合场地
电子产品诱惑
家长忧心多虑
儿童
【割裂】
自然
【自然缺失】
教育+文化+旅行
营造自然场地
激发探索乐趣
增强亲子关系
儿童
【连接】
自然
【亲近自然】
【森林课堂】
【四季果蔬】
【稻香丰年】
【亲水乐园】
【亲子野炊】
学习 交流 认知
采摘 树屋 爬树
收割 捉虫 抓鱼
戏水 迷宫 涂鸦
烧烤 露营 钓鱼
场地历史文脉
20世纪30年代格瑞米发现格氏栲林
1980年批准为自然森林保护区
2000年被评为国家森林公园
2002年被评为4A级旅游区 列入科普教育基地
平面图例
入口广场
停车场区
游客中心
生态鱼塘
亲子野炊
公共厕所
观光茶廊
森林课堂
聆听草坪
欢乐树屋
花境迷宫
雨水花园
亲水平台
悦享草坡
桃源仙洞
荷塘月色
四季果香
林间树屋
蔬菜乐园
淳意民宿
稻香梯田
断墙涂鸦
阳光草坪
平面分析
道路
绿地
水
建筑
比例尺
0 5 15 30m
N
设计场景剖析
1 荷花亭
2 桃园仙洞
3 亲水平台
4 地景观
5 花境迷宫
6 亲子野炊
雨水花园
植被搭配
合欢
泡桐
蓝羊茅
藿香蓟
蛇鞭菊
矮牵牛
马缨丹
菖蒲
鸢尾
狼尾草
过滤槽
降雨
植物截留
护根覆土层
集水
过滤
引流
石头
排水
石头堆

林间最后的小孩&拯救自然缺失症 01/02

■场地与互联网

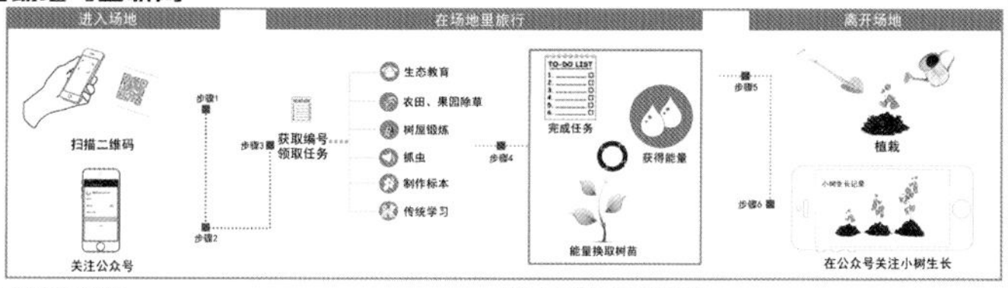

■果园剖面

四季果园

穿越洞口如同来一片世外桃园，如同《桃花源记》中的空间体验。

二十四节气与果园文化

穿越洞口后来到一片果园，在果园中体验采摘水果的农耕体验，果园中有树屋在采摘后可以品尝水果。

荷花池

洞口右边有荷花池，在果园中体验采摘水果的农耕体验后，可以在荷花池亭休闲。

果树、蔬菜分析

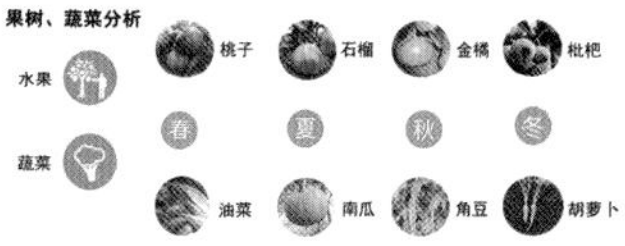

■亲水平台剖面图

亲水体验

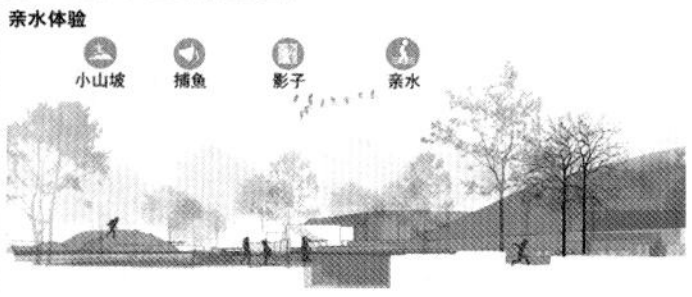

■生态教育

由改造过后的集装箱，组合而成方便拆解，通过不同集装箱模块组合，来满足不同自然课程对空间的需求，在通过颜色来分辨该集装箱所承载功能，通过课程的安排来增加来这里的人体验自然。

课程

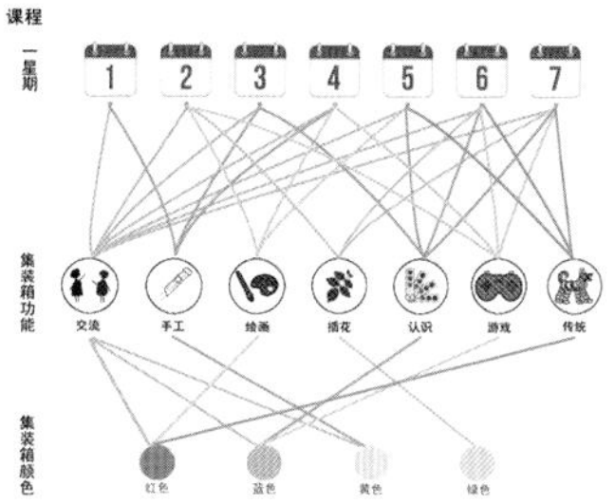

集装箱立面

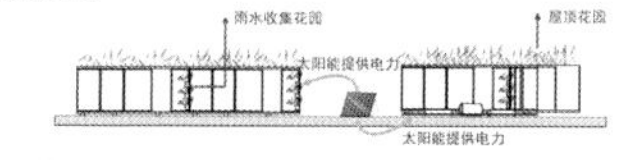

集装箱组合形式

■空中童话（树屋）

设计元素

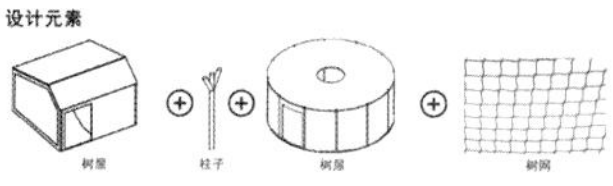

树屋内部空间截面

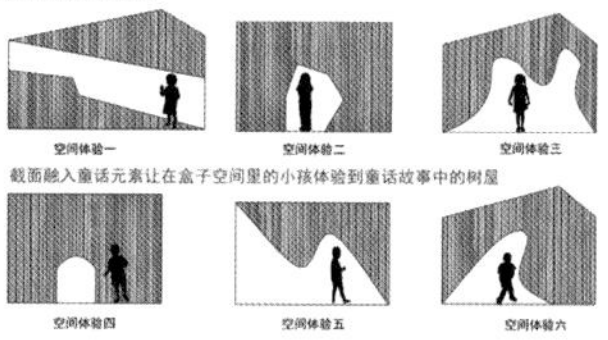

树屋立面

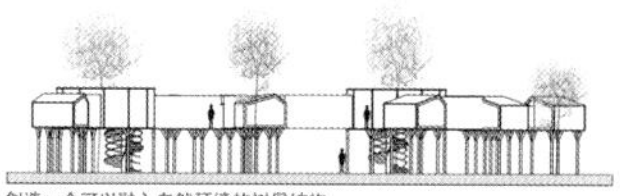

创造一个可以融入自然环境的树屋结构。

树屋

通过阳光与树，让在树屋中体验者体验到光影婆娑的空间体验。

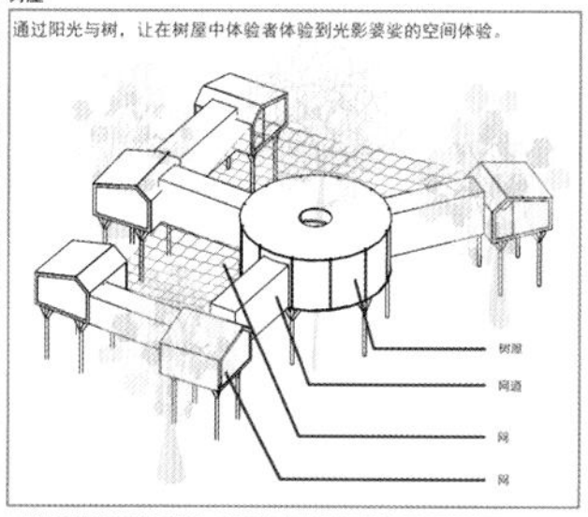

荷花池效果图

亲水平台效果图

生态集装箱效果图

树屋效果图

■鸟瞰效果图

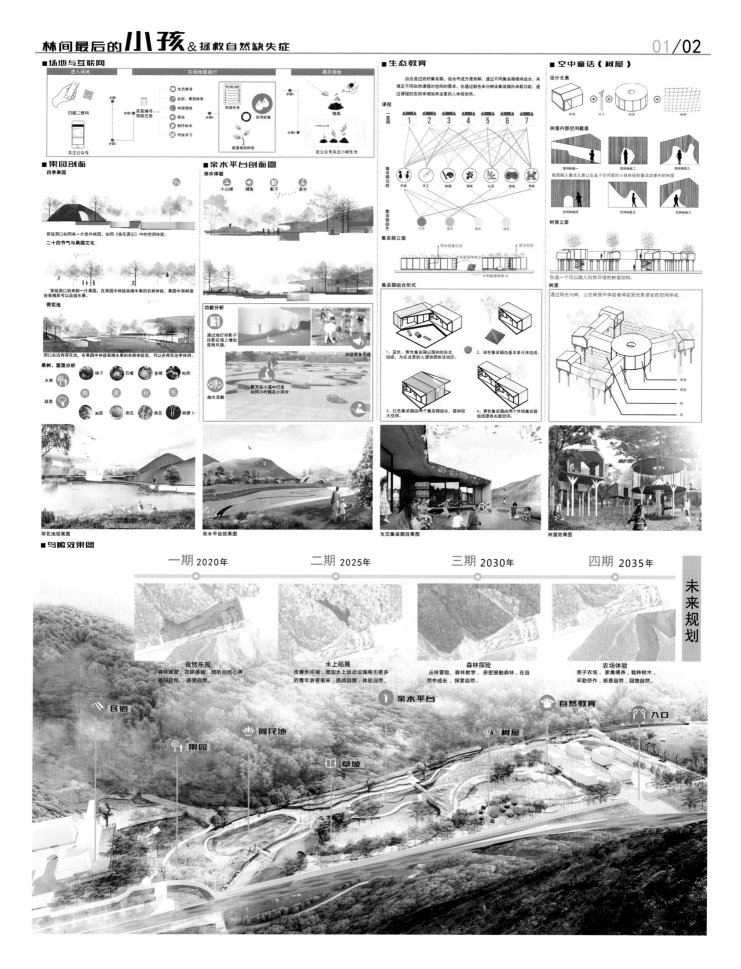

后记

《生态文明背景下的园林景观建设实践》从2018年3月至2020年7月，历时2年多编著完成。本书得到了福建省住房和城乡建设厅、福州市园林中心、厦门市市政园林局、福州市规划设计研究院、福建省城乡规划设计研究院、福建农林大学、福建工程学院、三明学院、福建省风景园林学会、福建省风景园林行业协会和其他有关企事业单位的大力支持。来自各高校、行政事业、规划设计、施工建设等行业内不同部门、单位的多位学者、专家，或亲笔纂写、或校对审阅、或提供素材、或参与研讨，最终全书编著成稿，供广大风景园林同仁们参考。

衷心感谢李雄、蒋金明、陈仲光、林国荣、陈硕、王文奎、庄惠榕、张俐烨、陈凡、魏仁民、廖启料、谢祥财等人为本书编纂所提供的帮助。本书摘录、剖析的作品实例来源于福建省风景园林学会参与、组织的优秀规划设计奖、“闽江杯”园林景观优质工程奖和大学生设计竞赛等评选活动，感谢原参赛、参评单位福州市规划设计研究院、福建省城乡规划设计研究院、漳州市城市规划设计研究院、中国城市建设研究院有限公司、厦门市城市规划设计研究院、龙岩市城乡规划设计院、中国城市规划设计研究院厦门分院等设计单位和福建省雅林园林景观工程有限公司、福建省长希园林建设工程有限公司、厦门市颖艺景观工程有限公司、厦门深富华生态环境建设有限公司、福建建工集团有限责任公司、福建中园市政景观发展有限公司、福建省榕圣市政工程股份有限公司、福建汇景生态环境股份有限公司、福州市绿榕园林工程有限公司、福建省顺帆市政绿化养护工程有限公司、福建江海苑园林工程有限公司、福建省春天生态科技股份有限公司、福建绿色生态发展股份有限公司、厦门宏旭达园林环境有限公司、福建印象生态发展有限责任公司、福建省三明市宏景园林工程有限公司、福建省兰竹生态景观工程有限公司、福建省森泰然景观工程有限公司、福建荣冠环境建设集团有限公司、福建艺景园林工程有限公司、中交建宏峰集团有限公司、漳州市建筑工程有限公司、福建大农景观建设有限公司、鲁班环境艺术工程股份有限公司等施工单位及有关的个人为本书提供了原始素材，在此诚挚致谢。